北京一零一中生态智慧教育丛书——科学教育课程系列

丛书主编　陆云泉　熊永昌

北京一零一中

中国科学院大学基础教育研究院

智慧课堂

信息学竞赛入门

ZHIHUI KETANG
XINXIXUE JINGSAI RUMEN

宋强平　编著

北京理工大学出版社
BEIJING INSTITUTE OF TECHNOLOGY PRESS

图书在版编目（CIP）数据

智慧课堂：信息学竞赛入门／宋强平编著．--北京：北京理工大学出版社，2023.7
ISBN 978-7-5763-2617-8

Ⅰ.①智… Ⅱ.①宋… Ⅲ.①C++语言—程序设计 Ⅳ.①TP312.8

中国国家版本馆CIP数据核字（2023）第133762号

责任编辑：申玉琴　　文案编辑：申玉琴
责任校对：周瑞红　　责任印制：李志强

出版发行／北京理工大学出版社有限责任公司
社　　址／北京市丰台区四合庄路6号
邮　　编／100070
电　　话／（010）68944439（学术售后服务热线）
网　　址／http：//www.bitpress.com.cn

版印次／2023年7月第1版第1次印刷
印　　刷／廊坊市印艺阁数字科技有限公司
开　　本／710 mm×1000 mm　1/16
印　　张／20
字　　数／337千字
定　　价／99.00元

丛书序一

教育事关国计民生，是国之大计，党之大计。

北京一零一中是北京基础教育名校，备受社会的关注和青睐。自1946年建校以来，取得了丰硕的办学业绩，学校始终以培养“卓越担当人才”为己任，在党的“教育必须为社会主义现代化建设服务，为人民服务，必须与生产劳动和社会实践相结合，培养德智体美劳全面发展的社会主义建设者和接班人”的教育方针指引下，立德树人，踔厉奋发，为党和国家培养了一大批卓越担当的优秀人才。

教育事业的发展离不开教育理论的指导。时代是思想之母，实践是理论之源。新时代的教育需要教育理论创新。北京一零一中在传承历史办学思想的基础上，依据时代教育发展的需要，守正出新，走过了自己的“教育理论”扬弃、创新过程。

学校先是借鉴了前苏联教育家苏霍姆林斯基的“自我教育”思想，引导师生在认识自我、要求自我、调控自我、评价自我、发展自我的道路上学习、成长。

进入21世纪以来，随着教育事业的飞速发展，学校在继续践行“自我教育”思想的前提下，开始探索“生态·智慧”课堂，建设“治学态度严谨、教学风格朴实、课堂氛围民主、课堂追求高远”的课堂文化，赋予课堂以“生态”“智慧”属性，倡导课堂教学的“生态、生活、生长、生命”观和“情感、思想、和谐、创造”性，课堂教学设计力求情景化、问题化、结构化、主题化、活动化，以实现“涵养学生生命，启迪学生智慧”的课堂教学宗旨。

2017年党的十九大召开，教育事业进入了“新时代”，北京一零一中的教育指导思想由“生态·智慧”课堂发展为“生态·智慧”教育。北京一零一人在思考，在新的历史条件下发展什么样的基础教育，怎样发展中国特色、国际一流的基础教育这个重大课题。北京一零一人在探索中进一步认识到，“生态”意味着绿色、开放、多元、差异、个性与各种关系的融洽，所以“生态教育”的本质即尊重规律、包容差异、发展个性、合和共生；“智慧”意味着点拨、唤醒、激励、启迪，所以“智慧教育”的特点是启智明慧，使人理性求真、至善求美、务实求行，获得机智、明智、理智、德智的成长。

2019 年 5 月，随着北京一零一中教育集团成立，学校办学规模不断扩大，学校进入集团化办学阶段，对“生态·智慧”教育的思考和认识进一步升华为“生态智慧”教育。因为大家认识到，“生态”与“智慧”二者的关系不是互相割裂的，而是相互融通的，“生态智慧”意味着从科学向智慧的跃升。“生态智慧”强调从整体论立场出发，以多元和包容的态度，欣赏并接纳世间一切存在物之间的差异性、多样性和丰富性；把整个宇宙生物圈看成一个相互联系、相互依赖、相互存在、相互作用的一个生态系统，主张人与植物、动物、自然、地球、宇宙之间的整体统一；人与世界中的其他一切存在物之间不再是认识和被认识、改造和被改造、征服和被征服的实践关系，而是平等的对话、沟通、交流、审美的共生关系。“生态智慧”教育是基于生态学和生态观的智慧教育，是依托物联网、云计算、大数据、泛在网络等信息技术所打造的物联化、智能化、泛在化的教育生态智慧系统；实现生态与智慧的深度融合，实现信息技术与教育教学的深度融合，致力于教育环境、教与学、教育教学管理、教育科研、教育服务、教育评价等的生态智慧化。

学校自 2019 年 7 月第一届集团教育教学年会以来，将“生态智慧”教育赋予“面向未来”的特质，提出了“面向未来的生态智慧教育”思想。强调教育要“面向未来”培养人，要为党和国家培养“面向未来”的合格建设者和可靠接班人，要教会学生面向未来的生存技能，包括学习与创新技能、数字素养技能和职业生活技能，要将学生培养成拥有创新意识和创新能力的拔尖创新人才。

目前，“面向未来的生态智慧教育”思想已逐步贯穿了办学的各领域、各环节，基本实现了“尊重规律与因材施教的智慧统一”“学生自我成长与学校智慧育人的和谐统一”“关注学生共性发展与培养拔尖创新人才的科学统一”“关注学生学业发展与促进教师职业成长的相长统一”。在“面向未来的生态智慧教育”思想的指导下，北京一零一中教育集团将“中国特色国际一流的基础教育名校”确定为学校的发展目标，将“面向未来的卓越担当的拔尖创新人才”作为学校的学生发展目标，将“面向未来的卓越担当的高素质专业化创新型的生态智慧型教师”明确为教师教育目标。

学校为此完善了教育集团治理的“六大中心”的矩阵式、扁平化的集团治理组织；研究制定了“五育并举”、“三全育人”、“家庭—学校—社会”协同育人、“线上线下—课上课后—校内校外”融合育人、“应试教育—素质教育—英才教育”融合发展的育人体系；构建了“金字塔式”的“生态智慧”教育课程体系；完善了“学院—书院制”的课程内容建设及实施策略建构；在教育集团内部实施“六个一体化”的“生态智慧”管理，各校区在“面向未来的生态智慧教育”思想指引下，传承自身文化，着力打造自身的办学特色，实现各美其美、美美与共。

北京一零一中教育集团着力建设了英才学院、翔宇学院、鸿儒学院和 GITD 学院（Global Innovation and Talent Development），在学习借鉴生态学与坚持可持续生态发展观的基础上，追求育人方式改革，开展智慧教育、智慧教学、智慧管理、智慧评价、智慧服务等实验，着力打造了智慧教研、智慧科研和智慧学研，尤其借助国家自然科学基金项目《面向大中学智慧衔接的动态学生画像和智能学业规划》和国家社会科学基金项目《基础教育集团化办学中学校内部治理体系和治理能力建设研究》的研究，加快学校的“生态智慧”校园建设，借助 2019 年和 2021 年两次的教育集团教育教学年会的召开，加深了全体教职员工对于“面向未来的生态智慧教育”思想的理解、认同、深化和践行。

目前，“面向未来的生态智慧教育”思想已深入人心，成为教育集团教职员工的共识和工作指导纲领。在教育教学管理中，自觉坚持“道法自然，各美其美”的管理理念，坚持尊重个性、尊重自然、尊重生命、尊重成长的生态、生活、生命、生长的“四生”观；在教师队伍建设中，积极践行“启智明慧，破惑证真”的治学施教原则，培养教师求知求识、求真求是、求善求美、求仁求德、求实求行的知性、理性、价值、德性、实践的“智慧”观；在拔尖创新人才培养中，立足“面向未来”，培养师生能够面向未来的信息素养、核心素养、创新素养等“必备素养”和学习与创新、数字与 AI 运用、职业与生活等“关键能力”。

北京一零一中教育集团注重“生态智慧”校园建设，着力打造面向未来的“生态智慧”教育文化。在“面向未来的生态智慧教育”思想的引领下，各项事业蓬勃发展，育人方式深度创新，国家级新课程新教材实施示范校建设卓有成效；“双减”政策抓铁有痕，在借助“生态智慧”教育手段充分减轻师生过重“负担”的基础上，在提升课堂教学质量、高质量作业设计与管理、供给优质的课后服务等方面，充分提质增效；尊重规律、发展个性、成长思维、厚植品质、和合共生、富有卓越担当意识的“生态智慧”型人才的培养成果显著；面向未来的卓越担当型的高素质专业化创新型的“生态智慧”型教师队伍建设成绩斐然；教育集团各校区各中心的内部治理体系和治理能力建设成绩突出；学校的智慧教学，智慧作业，智慧科研，智慧评价，智慧服务意识、能力、效率空前提高。北京一零一中教育集团在“面向未来的生态智慧教育思想”的引领下正朝着“生态智慧”型学校迈进。

为了更好地总结经验、反思教训、创新发展，我们启动了“面向未来的生态智慧教育”丛书编写。丛书分为理论与实践两大部分，分别由导论、理论、实践、案例、建议五篇章构成，各部分由学校发展中心、教师发展中心、学生发展中心、课程教学中心、国际教育中心、后勤管理中心及教育集团下辖的十二个校区的相关研究理论与实践成果构成。

本套丛书的编写得益于教育集团各个校区、各个学科组、广大干部教师的共同努力，在此对各位教师的辛勤付出深表感谢。希望这套丛书所蕴含的教育教学成果能够对海淀区乃至全国的基础教育有所贡献，实现教育成果资源的共享，为中国基础教育的发展提供有益的借鉴和帮助。

中国教育学会副会长
北京一零一中教育集团总校长
中国科学院大学基础教育研究院院长

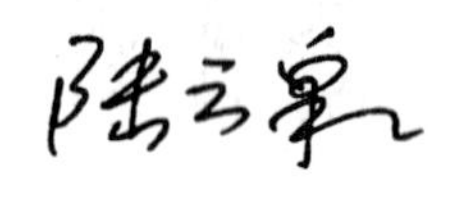

丛书序二

为全面贯彻落实党中央、国务院《关于进一步减轻义务教育阶段学生作业负担和校外培训负担的意见》、《全面科学素质行动规划纲要（2021—2035年）部署要求，着力在教育“双减”中做好科学教育加法，一体化推进教育、科技、人才高质量发展，2023年5月，教育部等十八部门联合印发了《关于加强新时代中小学科学教育工作的意见》，从课程教材、实验教学、师资培养、实践活动、条件保障等方面进行顶层设计、协同推进，为中小学提供更加优质的科学教育，全面提高学生科学素养，培育具备科学家潜质、愿意献身科学研究事业的青少年群体。

一项国家政策出台的背后逻辑通常有二：一是填补政策之缺；二是纠正现实之偏。

新中国成立以来，我国制定并颁布了许多规范、指导和管理科技的法律、法规和文件。在这些政策的引导和激励下，在全体科技人员艰苦卓越的努力下，我国的科学技术取得了突飞猛进的进步，甚至在航空航天、5G、桥梁高铁、深海探测等领域，技术已经处于世界先进水平。但不可否认，我国的科技发展总体水平还相对落后，科技人才储备不充足，科技体制不完善，尤其在科学教育方面，还存在很多问题，比如：科学教育的目标功利化、课程设置学科化、教学内容应试化、教育资源分散化、评价方式单一化、师资队伍非专业化，等等。这些问题严重阻碍了我国科技事业的进一步发展，这也是目前国家政策需要重点纠正的现实之偏。

放眼全球，随着科技的不断进步，人类已然进入了一个以科技为中心的时代，科技之光闪耀在世界的每一个角落。“它击退了愚昧，让人们摆脱了古老陈旧的神话，消除了祖先的恐惧，放弃了懦弱的屈从，最终用一种清醒开阔的眼光来观察我们的周围的世界，更好地认识、支配、影响、改变和征服这个世界，掌握人类的未来。一切都会因为科学的进步而成为可能。”2004 年，当法国著名的遗传学家、科普作家阿尔贝·雅卡尔 Albert Jacquard（1925—2013）在他的著作《科学的灾难》写下上述这段话时，西方世界的科学技术也正以迅猛的姿态飞速发展。然而，伴随着科技的高歌猛进，作者同时也看到了科学滥用导致的自然危机——“即使有些人想象力贫乏，联想不到核灾难，但他们只要环顾一下周围被破坏的风景就足以了解：连那些昔日开满色彩斑斓的丽春花、鸟声啾啾的稻田，现在也因为增产创收对农作物消毒杀菌而成了空旷悲惨的植物‘集中营’。”科学滥用不仅导致了自然危机，更引发了社会和人性危机。由科技进步带来的对物质的过度欲望、贫富差距的进一步加大、日益严重的环境污染、生态失衡、技术应用的道德伦理等问题层出不穷。正如马克思所指出的那样：“我们的一切发现和进步，似乎结果是使物质结果具有理智生命，而人的生命则化为愚钝的物质力量。”

中国要实施科教兴国战略，要走科技强国之路，如何及早预见并避免落入西方世界所经历的现代工业、科学与现代贫困、危机共存的巨大困惑中，是我们在出台国家政策时需要考虑的，这种纠偏，我们可以称为“远见性纠偏”。

无论是“现实性纠偏”还是“远见性纠偏”，都需要我们对科学的问题进行终极追问。科学到底是天使还是魔鬼？其实由科技落后和科技进步所带来的问题，根源并不在于科学本身，而在于那些制约科学发展和与科学内在的理性精神不相契合的人为或社会因素，剔除这些因素的唯一出路在于教育，只有用教育的方式全面提高人的科学素养，使人们能够智慧、理性地认识和利用科学，才能让科技真正为人类所掌握，为人类的福祉服务。

本套“北京一零一中生态智慧教育丛书——科学教育课程系列”是北京一零一中教育集团以生态智慧教育理念为引领，和中国科学院大学大中联合，在科学教育探索之路上的系列成果。双方之所以选择科学教育这个课题进行深度合作，不仅有着教育理念上的高度契合，在教育资源上还有着长期的深相整合。

北京一零一中是一所历史文化名校，创建于 1946 年，以培养“具有家国情怀和国际视野的未来卓越担当人才”为育人目标，坚持“基础宽厚、富于创新、个性健康、全面发展”的育人理念，在生态智慧教育理念引领下，学校注重课程建设，强化特色发展。2019 年，学校设立英才学院，深探科学教育改革前沿，和中国科学院大学、清华大学、北京大学、同济大学、北京理工大学、北京语言大学等高校以及中国科学院、军事科学研究院等多家科研机构开展合作，对标国家发展重大人才需求，落实强基计划，联手培养创新人才。

中国科学院大学作为一所以科教融合为办学模式、研究生教育为办学主体、精英化本科教育为办学特色的创新型大学，以“科教融合、育人为本、协同创新、服务国家”为办学理念，是中国科学院“率先建成国家创新人才高地”任务的重要承担者，以完成“出成果、出人才、出思想”为战略使命。

双方自合作以来，在北京一零一中英才学院平台上，对教育资源进行了“深相整合”，采用“在科学家身边成长”的培养方式，对学生进行理论方法培训、研究过程指导、创新思维训练，提升其动手实践、创新实验与分析思考的能力。同时在学校设立院士、科学家和博士工作站，零距离辅导项目班的学生，协助学校推进科学教育项目落地，取得了丰硕的成果。

2020 年 5 月，双方的合作全面升级为“有机融合”。

北京一零一教育集团与中国科学院大学签署全面战略合作框架协议，共建中国科学院大学基础教育研究院（以下简称“国科大基础教育研究院”）。在建设过程中，北京一零一教育集团发挥在基础教育改革与创新和集团化办学探索等方面的优势，中国科学院大学发挥在人才培养、科教融合育人和科教资源等方面的优势，立足国科大基础教育研究院，以科学教育为切入点，北京一零一中英才学院为平台，整合高校、科研院所、企业多方资源，探索我国科学教育在课程设置、人才培养、师资建设、评价手段等方面的实践路径，最终以点连线、以线成面、以面建体，形成我国科学教育的新模式，也为我国科技高中的建设提供初步经验。即将出版的有关科学教育的系列丛书是我们在探索过程中形成的各项成果，也是我们为中国的科学教育事业贡献的一份微薄之力。

我们计划将在丛书中陆续出版科学教育课程系列、科学教育评价系列、科学教育研学系列和科学教育教师培训系列：

一、科学教育的课程系列

课程是达致教学目标的重要载体，科学教育的根本目标在于全面提高人的科学素养，实现人的全面发展。基于此，科学教育的课程应包含科学知识课程、科学方法课程、科学应用课程、科学组织与管理课程、科学史课程、科学人文课程。目前我国的科学课程在设置上还体现为一门一门单独的科目，在教学内容上，选取的也是经过长期实践筛选、积累下来的科学知识，有的知识甚至已经严重过时，跟不上时代的发展，全面的科学教育成了单独的科学知识教育。

该系列丛书是由与北京一零一中合作的各大高校、科研院所及企业的资深科学教育领域的专家和学者，在英才学院对初高中学生实施真实授课的基础上，集结一章一章的自编讲义而成，旨在为我们的科学教育事业提供一个完整的科学课程框架体系，从知识、方法、应用、组织与管理、历史、人文等六个维度全面提升学生的科学素养。

二、科学教育的评价系列

教育评价是课程实施的一项重要内容，它既要判断学生的发展情况以及学习成效，又要发现课程实施环节中的优点与存在问题，以利于进一步改进提高。当前教育评价中存在唯分数、唯升学、唯文凭、唯论文、唯帽子的顽瘴痼疾，新课程新课标对教育评价改革提出了新要求，提出了改进结果评价、强化过程评价、探索增值评价、健全综合评价的具体举措。

该系列丛书旨在从评价观念、评价内容、评价方法、评价技术、教—学—评一体化等几个维度系统构建科学教育的评价体系，以评促教、以评促学，从而切实提高科学课程实施水平。

三、科学教育的研学系列

从科教融合的视角看，“研学旅行”对中小学生来说，不仅是一种新型的日常教育方式，而且更是一种新型的科学教育方式。它在本质上提供了一种真正意义上的科学生活，让学生们在这种科学生活中，打开“自然之书”“社会之书”“人生之书”，从而为完整而全面的科学教育开辟广阔的前景。从教育即生活的观点看，科学教育即科学生活。未来的科学教育应当走一条“科教融合”之路，即通过“研学旅行”，在学校和科研院所之间架起相互沟通的桥梁，逐步形成一种“科教融合”的科学教育模式。

该系列丛书将深度开发科学教育的研学课程、研学教师的培养和培训、研学资源的整合方案、研学活动评价机制等，让学生近距离接触前沿科技、了解科技发展趋势，培养科学精神和创造力，启发学生追求科技进步的梦想。

四、科学教育的教师培训系列

教育质量的好坏某种程度取决于师资队伍的质量。目前我国科学教育师资是短板，科学教育教师数量不足、水平不高、专业化程度差，成了制约我国科学教育发展的一大瓶颈。2023 年，教育部印发了《关于实施国家优秀中小学教师培养计划的意见》，正式启动“国优计划”。该计划将组织“双一流”建设高校为代表的高水平高校，成批承担中小学教师培养任务，开辟了高素质中小学教师培养的新赛道。“国优计划”的培养方式更贴近中小学的师资需求，可以为中小学的学生提供学科专业性强、理科思维逻辑更为清晰的科学教师，极大地满足了我国提升基础教育教学的需求。而且，该计划鼓励试点高校通过多种方式和中小学进行合作，让高校能够以“菜单式”为中小学进行师资定制。

该系列丛书立足于 2023 年 9 月由中国科学院大学与北京一零一中教育集团正式签署的“国优计划”合作培养方案，系统设置教师培训课程，从提升科学教师的科学知识和素养、教学方法与策略、课程设计与评估、教育技术与应用、专业发展与共享等五个维度全面提升科学教师的素养和能力。

科学教育是我国发展科学事业的一个重要关键领域，也是国家在新时代深化教育改革、培养未来科技创新人才的重要举措。北京一零一中教育集团和中国科学院大学作为基础教育和高等教育的翘楚，在这一新的领域做出贡献，既是一种责任，也是一种担当，是可能，也是可行的。

本套系列丛书的编写得益于与北京一零一中英才学院合作的各大高校、科研院所和知名企业的专家和学者的共同努力，在此对各位的辛勤付出深表感谢。希望丛书所蕴含的教育教学成果能够对海淀区乃至全国的基础教育有所贡献，为国家科学教育这项新的事业积累“大中联动”“科教融合”“企教合作”“科技高中”等多方面的经验，为中国基础教育和高等教育的发展提供有益的借鉴和帮助。

中国教育学会副会长
北京一零一中教育集团总校长
中国科学院大学基础教育研究院院长
陆云泉

序

为落实教育“立德树人”的根本任务，北京一零一中持续开展基于核心素养的生态智慧教育的实践研究。生态智慧教育倡导以学生的素养发展和生命成长为目标，最大限度地开发和启迪智慧，让教育焕发出生命的光彩。

高质量基础教育要面向未来，在面向未来的生态智慧教育理念引领下，立足“面向未来”，培养学生学习与创新、数字与 AI 运用、职业与生活等“关键能力”，重视培养学生面向未来的信息素养、核心素养、创新素养等“必备素养”。

5G、大数据、AI、万物互联已经走入了我们的生活，程序作为人与机器沟通的纽带，已成为人工智能时代不可或缺的一部分，这也是属于新一代青少年的机遇。无论从国家战略还是从个人的发展角度出发，学校教育都毫无疑问地被赋予培养德才兼备、创新人才的重大使命。

青少年信息学竞赛是培养和选拔计算机及人工智能拔尖创新人才的重要途径。每一道信息学竞赛的题目，均要求学生通过逻辑分析，把一个复杂的综合性问题分解成若干小问题，再由此建构起可行的数学模型，然后编程解决。学习算法的同时培养计算思维、逻辑思维、抽象思维、创新能力以及综合思维的能力，这些都是人工智能时代的必备能力。

本书作者宋强平老师，一直从事信息科技、信息学竞赛教学实践，通过信息学竞赛活动为拔尖创新人才的培养贡献力量。他在日常教学中强调启迪学生的创新思维，注重各种方法之间的联系，积累了丰富的教学经验。本书是作者基于生态智慧教育理念实践和在实践中不断研究的成果。

宋强平老师长期坚持教育理论与教育实践并重，并以科研课题为抓手，积极探索科技创新人才培养的有效途径。他申请并主持了北京市教委数字教育研究课题“基于智慧课堂的线上线下混合式教学创新研究——以信息科技教学为例”。撰写的教学设计与课例获得了北京市基础教育优秀课堂及教学设计一等奖、北京市中小学地方课程教学设计一等奖。

本书以生态智慧理念为指导，构建信息学竞赛入门的智慧课堂，循序渐进地引导初学者了解计算机的基础知识，揭开程序设计的神秘面纱，进而逐步讲解C ++ 语言的基本概念和基础知识，为编程教学方式提供一种新的思路。我们希望这本书能够帮助青少年更好地了解和掌握信息学奥赛的基本知识和技能，为他们的信息学之路打下坚实的基础。

拔尖创新人才是站在科技生产力的前沿，是国家创新优势集聚的中流砥柱。期待更多的青少年认识信息学竞赛、热爱信息学，成长为面向未来、面向 AI 时代的卓越担当人才。

北京一零一中书记、校长 熊永昌

前　言

随着“互联网+”时代的发展，人与计算机的联系更加紧密。程序语言是人与计算机沟通的方式，掌握编程能力是实现人与计算机互动的基础。编程教育已经被列入中小学课程。本书主要讲C++语言编程的基础知识，是学习C++语言的入门级图书。本书具有科学性与趣味性结合、内容结构合理、例题丰富、配套高质量资源平台的特点，循序渐进地引导初学者了解计算机的基础知识，揭开程序设计的神秘面纱，进而逐步讲解C++语言的基本概念和基础知识，为编程教学方式提供一种新的思路。本书用通俗化的语言和形象的比喻来解释各种专业术语，同时用大量的图示和实例代码来帮助理解，并辅以各类练习题供学习者自己动手进行编程实践。本书适合小学高年级、中学生及编程爱好者作为学习编程的入门图书使用，也可作为备考青少年信息学奥赛的初级教材使用。

本书分为8章，涉及计算机基础知识、程序设计与C++语言，顺序结构程序设计，分支结构程序设计，循环结构程序设计以及数组、函数、文件和结构体、指针。我们结合了NOIP（全国青少年信息学奥林匹克联赛）赛事的一些特点，对所传授的C++知识进行了部分删除和扩展，使同学们可以更有效率地学习信息学奥赛的相关知识点。本书内容讲解通俗易懂，尽量从直观入手，讲清方法思路，利用图表说明知识点情况，使学习者理解、掌握程序设计的思想、方法的实质。典型案例的分析不仅解释了计算思维的体现与应用，而且能够激发学习者学习与感悟程序设计的兴趣，进而启发学习者深入思考。本书强调启迪学习者的创新思维，注重各种方法之间的联系，内容由浅入深，在讲清概念的基础上，注意启发式分析，注重实际问题的建模过程。我们为各章精心设计了练习题，包括基础知识测查和信息学联赛试题，方便同学们对已掌握的知识进行实践与回顾；依托线上云智慧学习平台为师生提供更加精准、全面与开放的编程教学与学习服务。希望学习程序设计的学习者能从本书中获益。

在本书的撰写过程中得到了很多老师的协助，他们提供了不少题目的解题思路，在此表示感谢。在本书的撰写过程中引用了一些文献和网络上的解题思路，在此一并向相关作者表示感谢。

由于时间仓促，书中难免有不足之处，请广大读者批评指正。

目　录

第一章

走近信息学

第一节　什么是信息学

一、什么是信息学奥赛

大家好！我叫小智，欢迎大家跟随我走近信息学。

大家好！我叫小慧，我很好奇什么是信息学奥赛？

大家好！我叫小信，信息学奥赛旨在向中学阶段的青少年普及计算机科学知识，给学校的信息科技教育课程提供动力和新的思路，通过竞赛和相关的活动培养和选拔优秀的计算机人才。

信息学奥赛包含一系列国内、国际关于信息学的竞赛，竞赛使用 C++ 语言。从 1984 年起，信息学奥赛开始举办全国性竞赛；而自从 1989 年我国参加第一届国际信息学奥林匹克竞赛（International Olympiad in Informatics，IOI）以来，全国青少年计算机程序设计竞赛也更名为全国青少年信息学（计算机）奥林匹克竞赛（National Olympiad in Informatics，NOI）。

二、竞赛软件简介

对信息学有所了解后，接下来需要熟悉信息学所使用的编程软件 Dev－C++（如表 1. 1. 1 所示）。Dev－C++ 是一个轻量级的集成开发环境（IDE），附带一组具有广泛功能的工具，如集成的调试器、类浏览器、自动代码完成、功能列表、性能分析支持、可自定义的代码编辑器、项目管理器，以及适用于各种项目的预制模板、工具管理器等。因为这些工具是本机 Windows 应用程序，所以只需要少量的计算机资源。

表 1. 1. 1　软件 Dev－C++

DEV C++		提供给我们打字平台
		检查我们程序中的错误，如拼写错误、语法错误等
		把代码翻译成机器语言（二进制语言），计算机的 CPU、内存和运算器只能使用二进制语言，这个过程也被称为“编译”

（1）新建源文件。

如图 1. 1. 1 所示，打开软件，选择【文件】→【新建】→【源代码】命令，或者使用快捷键【Ctrl + N】。新建一个项目后，就可以编写代码了。

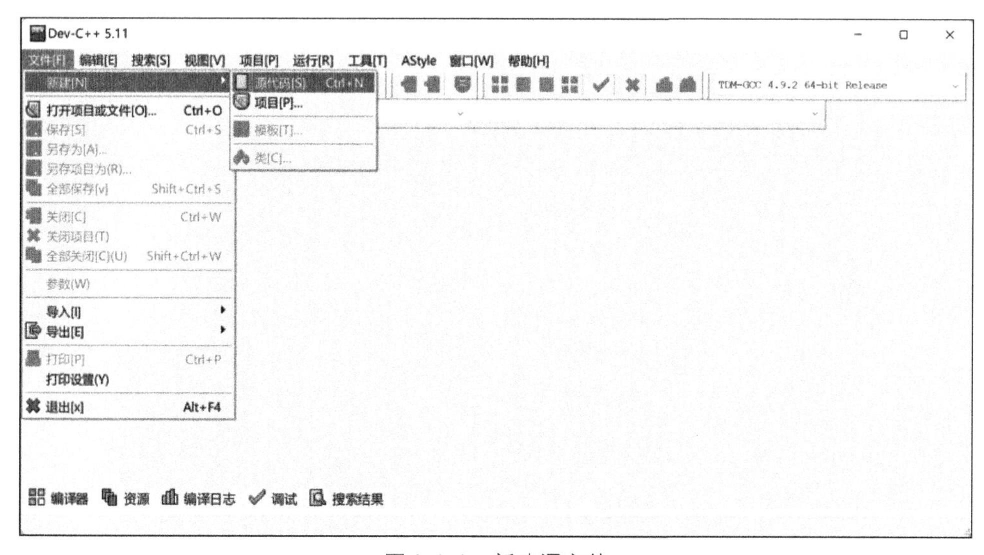

图 1. 1. 1　新建源文件

（2）输入代码。

这里以输出“Hello World!”为例，如图 1. 1. 2 所示。

（3）保存程序。

这里以保存路径为桌面，文件名为“Hello World. cpp”为例。如图 1. 1. 3 所示，选择【文件】→【保存】命令，或使用快捷键【Ctrl + S】，即可保存程序。

```
#include<iostream>
using namespace std;
int main()
{
    cout<<"Hello World!";
    return 0;
}
```

图 1.1.2 编写代码

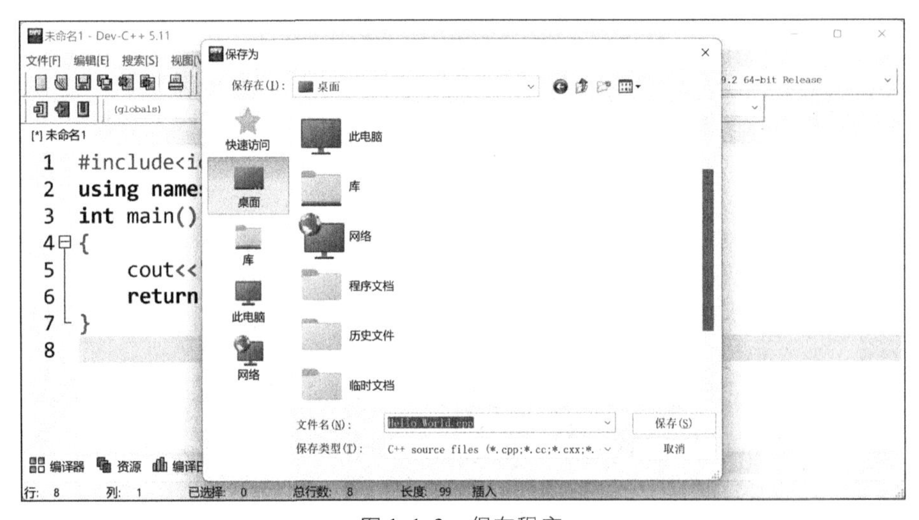

图 1.1.3 保存程序

【小信提醒】

① 为了方便自己查找程序，可以自行选择一个路径新建一个文件夹，用来保存自己的代码。
② 程序文件名称：需具备一定的含义，方便日后查看和使用程序。

（4）编译程序。

如图 1.1.4 所示，选择【运行】→【编译】命令或使用快捷键 F9 对程序进行编译。

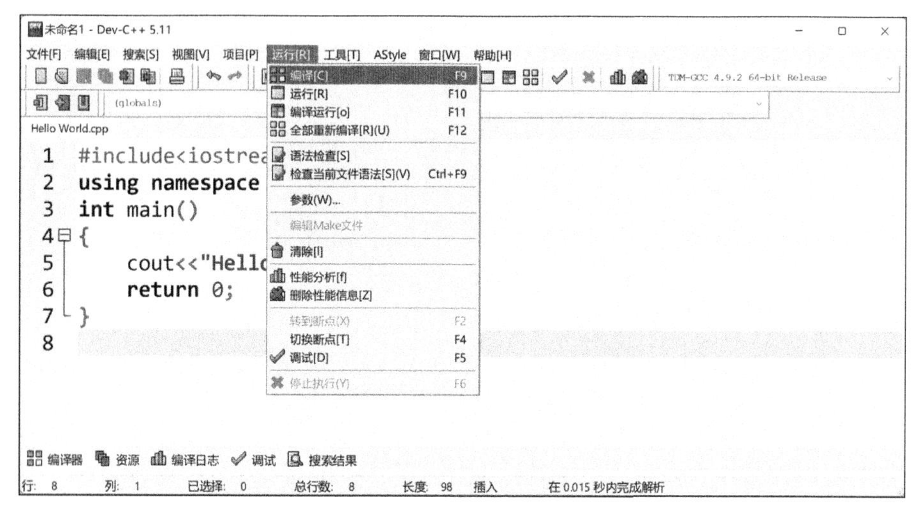

图 1.1.4　编译程序

（5）运行程序。

如图 1.1.5 所示，选择【运行】→【运行】命令或使用快捷键 F10 运行程序。

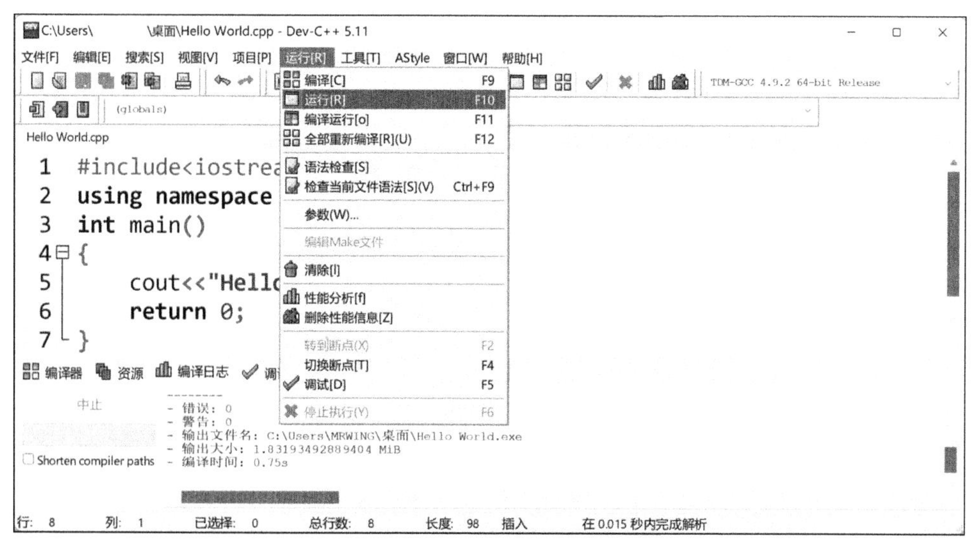

图 1.1.5　运行程序

(6）执行结果。

执行结果如图 1.1.6 所示，屏幕显示了“Hello World!”。快来试试专属自己的程序吧！

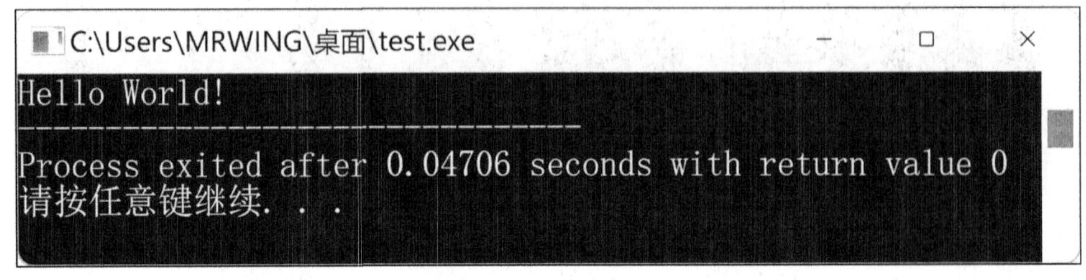

图 1.1.6 执行结果

三、练习

练习 1：单选题

中国计算机学会于（ ）年创办全国青少年计算机程序设计竞赛。

A. 1983 B. 1984 C. 1985 D. 1986

练习 2：多选题

下列关于图灵奖的说法中，正确的有（ ）。

A. 图灵奖是由电气和电子工程师协会（IEEE）设立的

B. 目前获得该奖项的华人学者只有姚期智教授一人

C. 其名称取自计算机科学的先驱、英国科学家艾伦 · 麦席森 · 图灵

D. 它是计算机界最负盛名、最崇高的一个奖项，有“计算机界的诺贝尔奖”之称

第二节　计算机也有语言

一、计算机语言

计算机解决问题的过程是什么样的呢？我们要编写一个计算器需要哪些步骤呢？

计算机解决问题大致过程我已经帮你总结好了，如图1.2.1所示。

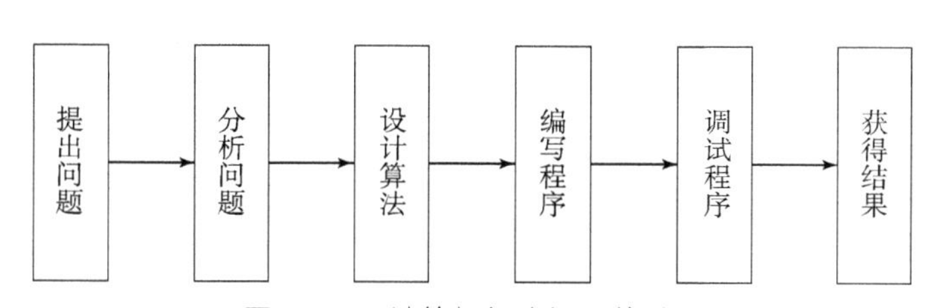

图 1.2.1　计算机解决问题的过程

（1）提出问题：怎么来设计这个计算器？

（2）分析问题：分析需要提供哪些运算符号、计算的精度是多少等。

（3）设计算法：使用加减乘除这四个符号，设计实现加减乘除的各自功能的算法，然后考虑优先级以及结果值的保存等问题。

（4）编写程序：根据设计算法编写程序。

（5）调试程序：寻找和解决程序的 bug。

（6）获得结果：通过编程实现了一个简单计算器。

【小智总结】

计算机能够成为人们得力的助手，离不开多种多样的程序。程序是一组计算机能识别和执行的指令，其运行于电子计算机上，用于满足人们的某种需求。

由上可知，计算机由程序控制解决问题，而程序是我们人写的，目前计算机还是离不开人类。而程序要由语言来表达，所以了解有哪些计算机语言是很重要的。因此，接下来讨论计算机语言。

计算机语言（Computer Language）是用于人与计算机之间通信的语言，是人与计算机之间传递信息的媒介。计算机系统的最大特征是将指令通过一种语言传达给机器。为了使电子计算机进行各种工作，就需要有一套用以编写计算机程序的数字、字符和语法规则，由这些字符和语法规则组成计算机各种指令（或各种语句），类似于人类交流的语言。计算机语言的种类非常多，总的来说可以分成机器语言、汇编语言、高级语言三大类，如图 1. 2. 2 所示。

计算机语言
- 机器语言
- 汇编语言
- 高级语言

图 1. 2. 2　计算机语言种类

二、高冷的机器语言

机器语言是机器不经翻译即可直接识别的程序语言或指令代码，如图 1. 2. 3 所示。

机器语言无须经过翻译，每一操作码在计算机内部都有相应的电路来完成它。

0011 0101 1010 0111

图 1. 2. 3　机器语言

电子计算机所使用的是由“0”和“1”组成的二进制数，也就是说计算机内部只能识别由“0”和“1”组成的程序。计算机发明之初，人们只能用计算机的语言去命令计算机干这干那，需要输入的指令非常烦琐。简而言之，就是写出一串串由“0”和“1”组成的指令序列交由计算机执行，如图 1. 2. 4 所示。这种计算机能够认识的语言，就是机器语言。

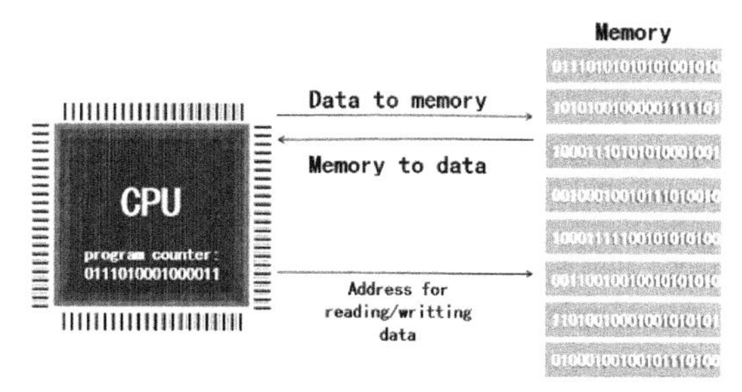

图 1. 2. 4　计算机执行机器语言

机器语言的执行速度快，它偏向计算机底层，那机器语言有什么样的缺点呢？

三、充当中间桥梁的汇编语言

为了减轻使用机器语言编程的痛苦，人们进行了一种有益的改进：用一些简洁的英文字母、符号串来替代一个特定的指令的二进制串，比如用“ADD”代表加法，“MOV”代表数据传递等（如图 1. 2. 5 所示）。这样一来，人们很容易读并理解程序在干什么，纠错及维护都变得方便了，这种程序设计语言就称为汇编语言，即第二代计算机语言。然而计算机是不认识这些符号的，这就需要一个程序作为中间桥梁，专门负责将这些符号翻译成二进制数的机器语言，这种翻译程序被称为汇编程序。

计算a+b

```
_add_a_and_b:
    push   %ebx
    mov    %eax,  [%esp+8]
    mov    %ebx,  [%esp+12]
    add    %eax,  %ebx
    pop    %ebx
    ret

_main:
    push   3
    push   2
    call   _add_a_and_b
    add    %esp,  8
    ret
```

图 1.2.5 汇编语言

【小信提醒】

汇编语言同样十分依赖机器硬件，其移植性不好，但效率很高。针对计算机特定硬件而编制的汇编语言程序能准确发挥计算机硬件的功能和特长，程序精炼而质量高，所以至今仍是一种常用且强有力的软件开发工具。

四、接地气的高级语言

机器语言和汇编语言都太难掌握了，有没有更加接地气的计算机语言呢？

高级语言是绝大多数编程者的选择。与汇编语言相比，它不仅将许多相关的机器指令合成为单条指令，而且去掉了与具体操作有关但与完成工作无关的细

节，例如使用堆栈、寄存器等，这样就大大简化了程序中的指令。由于省略了很多细节，所以编程者在使用高级语言时也不需要具备太多的专业知识。

高级语言主要是相对于汇编语言而言的，它并不是特指某一种具体的语言，而是包括了很多编程语言，例如 VB、VC、Python、FoxPro、Delphi、C、C++、PASCAL 等，如图 1.2.6 所示。这些语言的语法、命令格式都各不相同。需要特别指出的是 Python 属于解释型语言，程序不需要编译，程序在运行时才翻译成机器语言，每执行一次都要翻译一次。

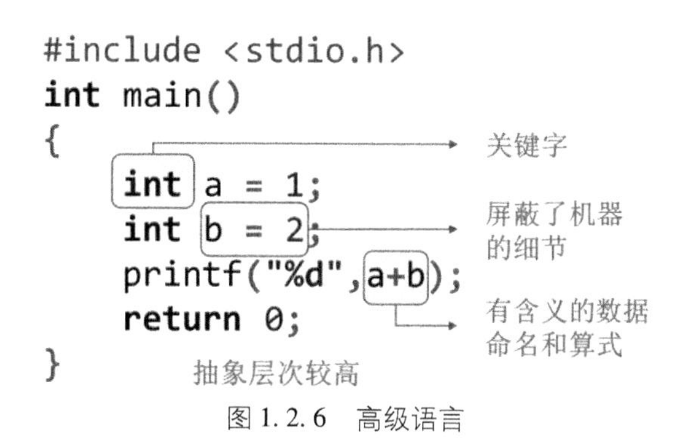

图 1.2.6　高级语言

特别要提到的是：在 C 语言诞生以前，系统软件主要是用汇编语言编写的。由于汇编语言程序依赖于计算机硬件，其可读性和可移植性都很差，但一般的高级语言又难以实现对计算机硬件的直接操作（这正是汇编语言的优势），于是人们盼望有一种兼有汇编语言和高级语言特性的新语言——C 语言。

高级语言的发展也经历了从早期语言到结构化程序设计语言，从面向过程到非过程化程序语言的过程。相应地，软件的开发也由最初的个体手工作坊式的封闭式生产，发展为产业化、流水线式的工业化生产。

高级语言的下一个发展目标是面向应用，也就是说，只需要告诉程序你要干什么，程序就能自动生成算法，自动进行处理，这就是非过程化的程序语言。

五、练习

练习 1：单选题

下列属于解释执行程序设计语言是（　　）。

A. C　　B. C++　　C. PASCAL　　D. Python

练习 2：多选题

以下哪个是面向对象的高级语言？（　　）

A. 汇编语言　　B. C++　　C. Fortran　　D. Python

第三节 C++语言概述

一、什么是C++

C++中的++来自C语言的递增运算符++，该运算符将变量+1。C++是对C的扩展，因此C++是C语言的超集。这意味着任何有效的C程序都是有效的C++程序。C++程序可以使用已有的C程序库。

C++在C语言的基础上增加了面向对象编程和泛型编程的支持，C++继承了C语言高效、简洁、快速和可移植的传统。

二、C++语言特点

1. 语言特点

兼容C，支持面向过程的程序设计

支持面向对象的方法

支持泛型程序设计方法

图 1.3.1　C++语言的特点

2. 优缺点

C++是在C语言的基础上开发的一种面向对象编程语言，应用非常广泛。C++语言灵活，运算符的数据结构丰富，具有结构化控制语句，程序执行效率高，而且同时具有高级语言与汇编语言的优点。

C++和其他语言相比有哪些优缺点呢？如表 1.3.1 所示。

表 1.3.1　C++与 C 语言比较

优点	缺点
C++使用方便，更加注重编程思想； C++拓展了面向对象的内容，如类、继承等； C++在 C 的基础上增加了面向对象的机制，比 C 语言更加完善和实用	C++语法庞大复杂，C 语言语法更简单

三、初识 C++ 程序

（1）核心语言：提供了所有构件块，包括变量、数据类型和常量等。

（2）C++标准库：提供了大量的函数，用于操作文件、字符串等。

（3）标准模板库（STL）：提供了大量的方法，用于操作数据结构等。

让我们看一段简单的代码（图 1.3.1），可以输出单词“Hello World!”。

接下来我们讲解一下这段程序。

（1）C++语言定义了一些头文件，这些头文件包含了程序中必需的或有用的信息。“include < iostream >”的意思是调用 iostream 头文件。用了这句话，我们就可以把这个文件包含进来，就可以使用这个文件里面的代码。

```
#include<iostream>
using namespace std;

//main() 是程序开始执行的地方

int main()
{
    cout<<"Hello World!"; //输出 Hello World!
    return 0;
}
```

```
#include<iostream>            → 头文件
using namespace std;          → 命名空间

//main() 是程序开始执行的地方   → 注释

int main()                    → 主函数
{
    cout<<"Hello World!"; //输出 Hello World!
    return 0;                 → 输出语句
}                             → 返回
```

图 1.3.1 简单代码

（2）“using namespace std;”告诉编译器使用 std 命名空间。命名空间是 C++ 中一个相对新的概念。调用 C++语言提供的全局变量命名空间 namespace，以避免导致全局命名冲突问题。

（3）“//main( )”是程序开始执行的地方，是一个单行注释。单行注释以“//”开头，在行末结束。注释在程序中只是为了方便阅读理解，并不影响程序的运行。

（4）“int main( )”是主函数，程序从这里开始执行。

（5）“cout << "Hello World!";”，cout 就是预定义好的输出流类的一个对象，专门负责输出对象，这行代码会在屏幕上显示消息“Hello World!”。

（6）“return 0;”作用是终止 main( ) 函数，并向调用进程返回值 0。

【小智总结】

学习 C++关键是要理解概念，而不应过于深究语言的技术细节。学习程序设计语言是为了更好地解决实际问题，是为了能更有效率地促进科学技术的发展。

四、C++中的分隔符

C++中常见的分隔符有："；""，""{}""()"。

1. 分号

在C++中，分号是语句结束符。也就是说，每个语句必须以分号结束。它表明了一个逻辑实体的结束。

例如下面三个不同的语句：

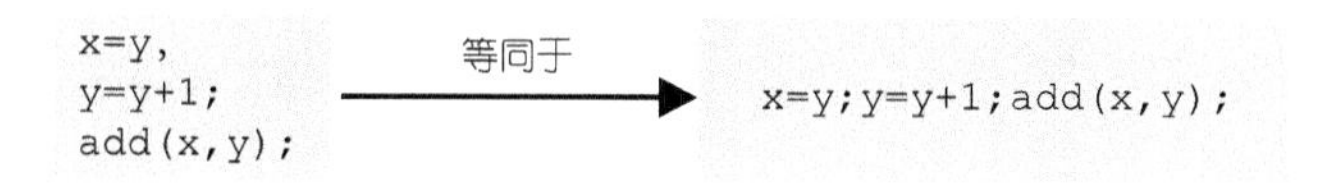

C++不以行末作为结束符的标识，因此可以在一行上放置多个语句。

2. 逗号

逗号一般的作用就是把几个表达式放在一起（如下程序），整个逗号表达式的值为系列中最后一个表达式的值。逗号分隔的一系列运算将按顺序执行。

```
x = y,
y = y + 1,
add(x,y);
```

3. 大括号

大括号通常是把一组语句按照逻辑连接起来，然后组成一个语句块。在数组中也会使用大括号。

```
{
  cout << "Hello World!";
  return 0;
}
```

4. 小括号

小括号也就是圆括号，它的用法常见的有：用于for循环、if选择等语句；或者用于函数声明和调用；或者用于计算公式时决定计算的优先顺序，这时类似于数学中的括号用法。

```
(1)for(int i = 0;i < n;i ++)
```

```
(2)if(a>2)
(3)c=a*(b+c)
```

五、C++标识符

一个标识符以字母 A ~ Z 或 a ~ z 或下画线 - 开始，后跟零个或多个字母、下画线和数字（0 ~ 9）。

标识符有书写的规则。C++标识符内不允许出现标点字符，比如@、&和%。C++是区分大小写的编程语言，因此在C++中，Manpower 和 manpower 是两个不同的标识符。

下面列出几个有效的标识符：

```
mohd zara abc move_name a_123 myname50 _temp j a23b9 retVal
```

六、C++关键字

关键字是一些特殊的单词，它们具有特殊的含义和功能。这些关键字已经在编程语言中被定义好了，因此不能被用作变量名或其他标识符。

C++中的关键字，如 int、long、char 等。

表 1.3.2 列出了 C++中的关键字。这些关键字都有自己的用处，不能作为常量名、变量名或其他标识符名称。

表 1.3.2　C++中的关键字

asm	else	new	this
auto	enum	operator	throw
bool	explicit	private	true
break	export	protected	try
case	extern	public	typedef
catch	false	register	typeid
char	float	reinterpret_cast	typename
class	for	return	union
const	friend	short	unsigned
const_cast	goto	signed	using
continue	if	sizeof	virtual
default	inline	static	void
delete	int	static_cast	volatile
do	long	struct	wchar_t
double	mutable	switch	while
dynamic_cast	namespace	template	

七、C++注释

程序的注释是解释性语句，在 C++代码中可以包含注释，这将提高源代码的可读性。所有的编程语言都允许某种形式的注释。

C++支持单行注释和多行注释，注释中的所有字符会被 C++ 编译器忽略。

C++注释一般有两种："//"和"/*…*/"。下面以具体的例子来说明 C++ 程序中注释的用法。

(1) 第一种方法，注释以"//"开始，直到行末为止。例如：

```
#include <iostream>
using namespace std;
int main()
{
  //这是一个注释
  cout << "Hello World!";
  return 0;
}
```

也可以放在语句后面，例如：

```
#include <iostream>
using namespace std;
int main()
{
   cout << "Hello World!"; //输出 Hello World!
   return 0;
}
```

当上面的代码被编译时，编译器会忽略"//这是一个注释"和"//输出 Hello World!"，注释对运行结果不造成影响。

(2) 第二种方法，C++注释以"/*"开始，以"*/"终止。例如：

```
#include <iostream>
using namespace std;
int main()
{
    /* 这是注释*/
     /* C++注释也可以
     * 跨行
     */
```

```
    cout << "Hello World!";
    return 0;
}
```

在“/*”和“*/”注释内部，“//”字符没有特殊的含义，没有注释的作用。在“//”注释内，“/*”和“*/”字符同样没有特殊的含义。因此，可以在一种注释内嵌套另一种注释。

例如：

```
/* 用于输出 Hello World 的注释
 cout << "Hello World!"; //输出 Hello World!
 */
```

第二章

好的开端——顺序结构

第一节　Hello World

一、Hello，你好

初次学习 C++程序设计，让我们先和它打声招呼吧，在屏幕上输出“Hello World!”。

【分析】

通过一段程序，让屏幕上输出“Hello World!”，需要我们编写一个输出的指令 cout，它的作用是让控制台输出我们想要的结果。除了输出语句，还要编写 C++程序设计语言的程序框架。通过后面的学习，大家就会对它们越来越熟悉了。

【参考代码】

```
#include <iostream>
using namespace std;
int main()
{
    cout << "Hello World!";
    return 0;
}
```

当上面的代码被编译和执行时，屏幕就会出现“Hello World!”。

是不是很简单？那我们来看看程序是如何运行的，并且在编写这个程序时，我们要遵循什么样的规则呢？

二、程序和编译

人们按照一定规则创建出的程序被称为源程序，用来保存源程序的文件被称为源文件。

我们把用 C++规则创建出的程序也就是源程序的扩展名约定为“. cpp”，全称是“cplusplus”。例如，我们可以把上述“Hello World!”的程序保存为“Hello World. cpp”。

通过一定规则创造的字符程序是不能直接运行的，需要转换为计算机能够理解的机器语言，也就是由 0 和 1 组成的序列。源程序通常需要进行如图 2. 1. 1 所示的翻译之后，才能将源程序转换成计算机能执行的程序，也就是可执行程序 (Executable Program，EXE File)，通常扩展名为“. exe”。

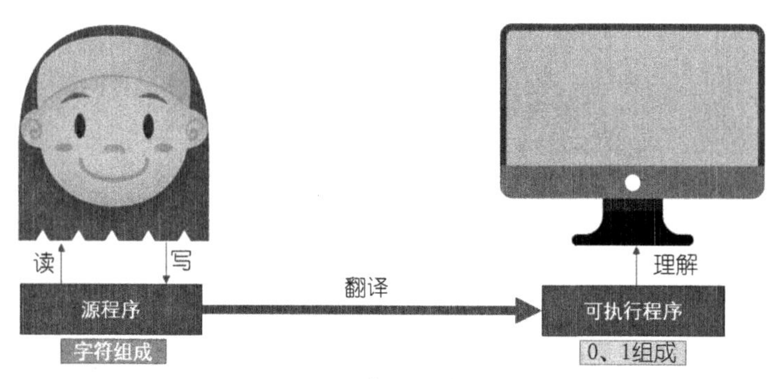

图 2.1.1　源程序翻译成可执行程序

三、编写第一个程序

准备好开发工具后，就可以开始编写我们的第一个程序了。

输出 “Hello World!”

【参考程序】

```
#include <iostream>
using namespace std;
int main()
{
    cout << "Hello World!";
    return 0;
}
```

【小信提示】

#include<iostream>，include 是预处理命令，是一个“包含指令”，使用时以#开头；iostream 是输入输出流的标准头文件，因为这类文件都是放在程序单元的开头，所以被称为头文件。

using namespace std，这一语句是指明程序采用的命名空间的指令，表示使用命名空间 std(标准)中的内容。

程序各部分格式的说明如图 2. 1. 2 所示。

图 2. 1. 2　C++程序格式说明

例 2－1：打印输出两行语句

【题目描述】

编写一个能在屏幕上第一行打印出“Hello World!”，第二行打印“欢迎学习程序设计!”的程序。

输入样例：(无输入)

输出样例：

```
Hello World!
欢迎学习程序设计!
```

【小智分析】

通过例2-1，我们已经知道输出语句的格式“cout<<”，那么如果输出两行内容，是不是直接运用两次“cout<<”语句就可以了呢？

尝试编写程序：

```
#include <iostream>
using namespace std;
int main()
{
    cout << "Hello World!";
    cout << "欢迎学习程序设计!";
    return 0;
}
```

编译和执行以上程序，输出结果为：

```
Hello World! 欢迎学习程序设计!
```

我们可以发现，输出结果与题目要求的格式不一致，第二句语句没有实现换行输出。因此我们进一步修改程序。

【参考程序】

```
#include <iostream>
using namespace std;
int main()
{
    cout << "Hello World!";
    cout << endl;
    cout << "欢迎学习程序设计!";
    return 0;
}
```

【运行结果】

```
Hello World!
欢迎学习程序设计!
```

【小智分析】

四、标准输出语句

在 C++中，我们可以使用标准输出语句 cout 在控制台上输出信息。cout 是一个输出流对象，可以将数据输出到屏幕上。在程序中运用的标准输出语句，如表 2.1.1 所示。

表 2.1.1 标准输出语句

标准输出指令	标准使用格式	指令功能
cout <<	cout	在控制台输出结果，如果想要原样输出想显示的内容，那么就需要将原样输出的内容用双引号引起来

比如，我们不想输出例 2－1 中的“Hello World!”，想要让屏幕上显示小明的名字，则可以将例 2－1 中的“cout << "Hello World!";”改为“cout << "小明，你好!";”。然后编译（自动保存程序）、执行后，电脑屏幕上就会显示“小明，你好!”。

五、练习

练习 1：输出算式

【题目描述】

编写一段程序，使屏幕输出：1 + 1 = 2。

输入样例：（无输入）

```
```

输出样例：

```
1 + 1 = 2
```

练习 2：输出一首古诗

【题目描述】

编写一段程序，使屏幕输出一首古诗。

输出样例：

《绝句》
杜　甫
两个黄鹂鸣翠柳，
一行白鹭上青天。
窗含西岭千秋雪，
门泊东吴万里船。

第二节　变量——可变的笼子

一、可变的笼子

鸡兔同笼是我国古代的数学趣题之一哟，
快来一起研究吧！

大约 1 500 年前，《孙子算经》中就记载了这个有趣的问题：“今有雉兔同笼，上有三十五头，下有九十四足，问雉兔各几何？”意思是：鸡兔同在一个笼子里，有 35 个头，有 94 只脚，请问笼中各有几只鸡和兔？

请你利用所学的数学知识想想这题的解法?

分析：如果设想 35 只都是兔子，那么就有 4×35 只脚，比 94 只脚多了 35×4－94＝46（只）；每只鸡比兔子少（4－2）只脚，所以共有鸡（35×4－94）÷(4－2)＝23（只）。说明我们设想的 35 只“兔子”中，有 23 只不是兔子而是鸡。

因此可以列出公式：

鸡数＝(总头数×4－总脚数)/2

兔子数＝总头数－鸡的数量

知道了数学公式，那应该如何编写程序呢?

【参考程序】

```
#include <iostream>
using namespace std;
int main()
{
    int head=35;//总头数
    int feet=94;//总脚数
    int chickens=(4* head-feet)/2;//鸡数
    int rabbits=head -chickens;//兔子数
    cout<<"chickens="<<chickens<<endl;
    cout<<"rabbits="<<rabbits<<endl;
    return 0;
}
```

当上面的代码被编译和执行时，它会产生以下结果：

```
chickens=23
rabbits=12
```

程序中我们怎样记录和保存鸡数、兔子数、总头数和总脚数？后续的课程中，我们还会看到有些数在程序运行中会多次变化，我们怎样存储这些数值呢？

【新知讲解】

在程序运行期间，值可以改变的量称为变量，如上述程序中 head，feet，chickens，rabbits 都属于变量。通俗地说，变量就类似于一个笼子，我们可以往笼子里面放不同数量的东西。在设计程序的时候，我们把要存储的数据放在一个叫变量（Variable）的东西里。它就好像是一个笼子，而数据就是笼子里的物品，如图 2. 2. 1 所示。变量需要遵循一定的规则。

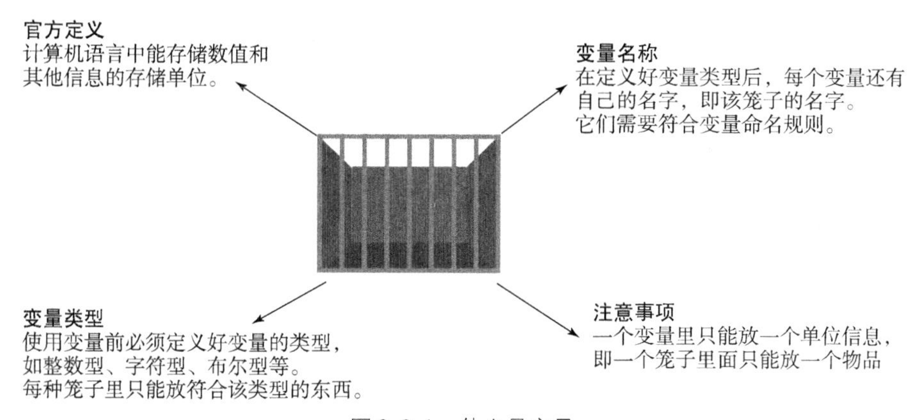

图 2. 2. 1　什么是变量

二、变量使用前需要声明

在我们“放东西”和“取东西”之前必须要先创建一个“笼子”。程序中，创建变量的语句称为变量的声明（Declaration），即指定变量的类型和名称。变量类型也就是规定变量里能放什么类型的数据，比如整数、小数等。

变量声明的格式如下：

```
变量类型　变量名;
```

例如：

```
int chickens;
```

该代码的含义是声明了一个类型为 int 整型、名字为 chickens 的变量。可以理解成准备了一个名为 chickens 的“笼子”，如图 2.2.2 所示，笼子可以存放东西的类型是 int（整型）。

图 2.2.2 名为 chickens 的“笼子”

声明变量就是指定变量的名称和类型，未经声明的变量本身是不合法的。声明变量由一个类型和跟在后面的一个或多个变量组成，多个变量间用逗号隔开，声明变量以分号结束。声明多个相同类型变量的方法如下：

```
int chickens,rabbits;
```

此条代码的意思是声明了两个 int 类型且名字分别为 chickens 和 rabbits 的变量（图 2.2.3），即声明了两个类型相同但名字不同的变量。变量声明后，才能在后续的程序中使用。

图 2.2.3 声明多个相同类型的变量

变量声明后才可以使用，那么该如何给变量取名呢？

三、变量取名需要符合命名规则

变量名是一种标识符，应该符合标识符的命名规则。变量名区分大小写，其命名规则如表 2. 2. 1 所示。

表 2. 2. 1　变量命名规则

变量命名规则
变量名只能由数字、字母和下画线组成
变量名的第一个符号只能是字母和下画线，数字不能放在变量名首位
变量名中间不能包含空格
不能使用关键字作为变量名，如 cout，include，int，main 等
如果在一个语句块中定义了一个变量名，那么在变量的作用域内不能再定义相同名称的变量

四、如何往变量中放东西

赋值运算符“=”用来给变量赋值，这里的“=”不表示数学中的等于号，它将等号右边的值赋给等号左边的变量。简单来说就类似于向笼子里放东西。

赋值的格式为：

```
变量=表达式;
```

例如以下赋值语句：

```
head=35;
```

这里表示把“=”右边的值赋给左边的变量。head =35 就相当于把 35 这个值赋给变量 head，形象地说就是往名字为 head 的笼子里放 35 个鸡（兔）头。

例 2－2：一共有多少个水果？

【题目描述】

如图 2. 2. 4 所示，现有苹果 1 个、橘子 2 个、番茄 4 个。编写程序计算一共有多少个水果。

图 2. 2. 4　赋值

输入样例：（无输入）

输出样例：

```
一共有7个水果。
```

【参考程序】

```
#include <iostream>
using namespace std;
int main()
{
    int apple=1,orange=2,tomato=4;//变量的声明与赋值
    int fruit;
    fruit=apple+orange+tomato;//变量的赋值
    cout<<"一共有"<<fruit<<"个水果。";//cout 输出结果
    return 0;
}
```

【分析】

（1）相同类型的变量可以进行运算。

（2）创建三个类型为 int 型的变量，并依次取名为 apple，orange，tomato，并分别给它们赋值为：1，2，4。再创建一个类型为 int 型并且名为 fruit 的变量，计算总的水果的数量。

（3）变量可以由 cout 输出。

五、变量的作用范围

1. 变量定义的位置

变量的作用域（范围）就是可以访问该变量的代码区域。作用域是程序的一个区域，一般来说有三个地方可以定义变量。

（1）在函数或一个代码块内部声明的变量，称为局部变量。

（2）在函数参数的定义中声明的变量，称为形式参数。

（3）在所有函数外部声明的变量，称为全局变量。

我们将在后续的章节中学习什么是函数和参数。这里先来讲解什么是局部变量和全局变量。

2. 局部变量

局部变量是在函数或一个代码块内部声明的变量，它们只能被函数内部或者代码块内部的语句使用。鸡兔同笼的程序就采用了局部变量。

```
#include <iostream>
using namespace std;
int main()
{
    int head=35;//局部变量声明和赋值
    int feet=94;//局部变量声明和赋值
    int chickens=(4* head - feet)/2;//局部变量声明和赋值
    int rabbits=head-chickens;//局部变量声明和赋值
    cout<<"chickens="<<chickens<<endl;
    cout<<"rabbits="<<rabbits<<endl;
    return 0;
}
```

3. 全局变量

在所有函数外部声明的变量（通常是在程序的头部），称为全局变量。全局变量的值在程序的整个生命周期内都是有效的。

```
#include <iostream>
using namespace std;
int chickens=0,rabbits=0;//全局变量声明和赋值
int main()
{
    int head=35;//局部变量声明和赋值
    int feet=94;//局部变量声明和赋值
    chickens=(4* head - feet)/2;
    rabbits=head-chickens;
    cout<<"chickens="<<chickens<<endl;
    cout<<"rabbits="<<rabbits<<endl;
    return 0;
}
```

【分析】

在程序中，局部变量和全局变量的名称可以相同，但是在函数内，局部变量的值会覆盖全局变量的值。当上面的代码被编译和执行时，它会输出 chickens=23，rabbits=12，而不是输出 0。正确地使用变量是一个良好的编程习惯，否则

有时候程序可能会产生意想不到的结果。

4. 变量的作用域

变量的作用域可以通过以下规则确定。

（1）只要字段所属的类在某个作用域内，其字段也在该作用域内。

（2）局部变量存在于表示声明该变量的块语句或方法结束的封闭大括号之前的作用域内。

（3）在 for，while 或类似语句中声明的局部变量存在于该循环体内。

在本节内容中我学会了关于变量的声明、命名、赋值以及它的作用范围。

那来做两个练习题检验一下吧！

六、练习

练习 1：乘法计算

【题目描述】

编写一段程序，a = 10，b = 20，利用变量输出 a × b 的结果。

输入样例：（无输入）	输出样例：
	200

练习 2：交换数字顺序

【题目描述】

编写一段程序，输入两个数字 10 和 20，将两个数字交换顺序输出。

输入样例：	输出样例：
10 20	20 10

第三节　常用数据类型

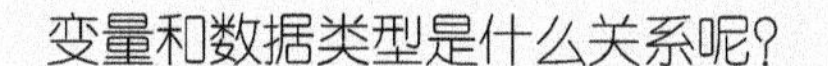

在上一小节我们学习了变量的概念。在进行变量声明时，不仅要按照要求起一个变量名称，还要明确变量可存储的数据类型。变量中存储的数据类型要和声明的变量类型相一致。这就好比我们入住酒店时，房间名称就是变量名，房间类型就是变量类型，客人要入住相对应类型的房间才是准确的。

一、数据类型

使用编程语言进行编程时，需要用到各种变量来存储各种信息。变量保留的是它所存储值的内存位置。这意味着当创建一个变量时，就会在内存中保留一些空间。

在编写程序的过程中，我们可能需要存储各种数据类型（如字符型、整型、单精度型、双精度型、布尔型等）的信息，操作系统会根据变量的数据类型来分配内存和决定在保留的内存中存储什么。

C++为我们提供了种类丰富的内置数据类型和用户自定义的数据类型，如图 2. 3. 1 所示。

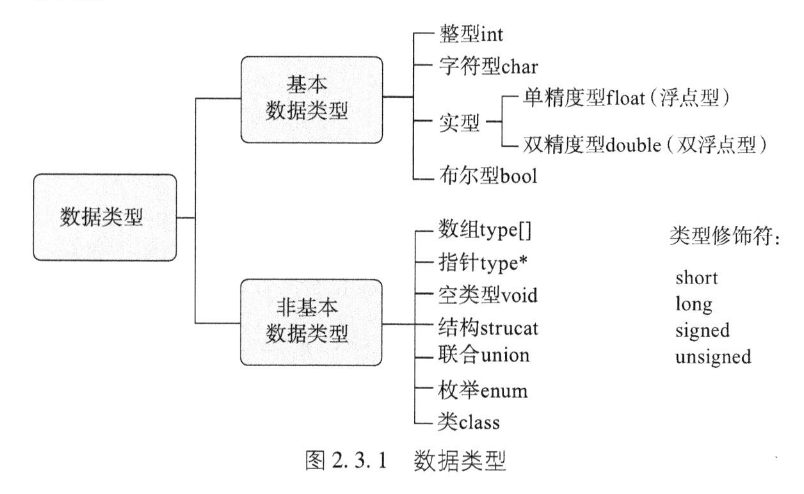

图 2. 3. 1　数据类型

表 2.3.1 列出了几种基本的 C++ 数据类型。

表 2.3.1 C++ 基本数据类型

类型	整型	字符型	单精度型（浮点型）	双精度型（双浮点型）	布尔型
关键字	int	char	float	double	bool

一些基本类型可以使用一个或多个类型修饰符进行修饰，如 signed，unsigned，short，long，修饰之后会有些变化，以整型 int 为例，如图 2.3.2 所示。

整型：int　　类型修饰符：**short、long、signed、unsigned**

有符号型（有正有负）
- **基本整型（简称整型）：int**
- **短整型：short int 或 short**
- **长整型：long long int 或 long long**

无符号型（只有正）
- **无符号短整型：usigned short**
- **无符号整型：usigned int**
- **无符号长整型：usigned long**

图 2.3.2 类型修饰符

下面重点介绍几种基本数据类型：整型、实型、字符型、布尔型。

二、整型

例 2-3：苹果采购

【题目描述】

现在需要采购一些苹果，每名同学都可以分到固定数量的苹果，并且已经知道了同学的数量，请问需要采购多少个苹果？

输入格式：

输入两个不超过 10^9 的正整数，分别表示每人分到的数量和学生的人数。

输出格式：

输出一个整数，表示答案。保证输入和输出都是在 int 范围内的非负整数。

输入样例：

```
5 3
```

输出样例：

```
15
```

【分析】

由题可知，需要我们输入已知的每人分到的苹果数量和学生的人数，输出需要采购的总数，且要求输入和输出都为非负整数。所以我们在编写程序时要声明两个整型变量，并使用标准输入语句为两个变量赋值，再使用标准输出语句输出计算结果。

【参考程序】

```
#include <iostream>
using namespace std;
int main()
{
    int apple,student;//定义两个整型变量 apple 和 student
    cin >> apple >> student;//通过输入两个整型数值为 apple 和 student 变量赋值
    cout << apple* student << "\n";//输出两个变量相乘后的结果
    return 0;
}
```

【运行结果】

```
5 3
15
```

【小信提示】

在上述的程序中我们运用了输入语句cin，并且在输出两个变量的乘积时，需要运用算术运算符。数学中的乘号“×”在C++语言中的算术运算符为“*”。

【新知讲解】

1. 基本概念

整型是一种数据类型，整型变量里只能存放整数。比如，我们可以使用int来定义一个变量来存储班级人数。整型定义格式和赋值方式如表2.3.2所示。

表 2.3.2 整型定义格式和赋值方式

整型	
基本概念	整型是一种数据类型，整型变量里只能存放整数
定义格式	int a;
赋值	a = 3;

可以使用一个或多个类型修饰符对 int 进行修饰，改变存储数据的存储空间和取值范围。表 2.3.3 显示了各种变量类型在内存中存储值时需要占用的内存，以及该类型的变量所能存储的最大值和最小值。

表 2.3.3 整型范围

类型名称	字节数	位数	取值范围
int	4	2^{32}	-2 147 483 648 ~ 2 147 483 647
unsigned int	4	2^{32}	0 ~ 4 294 967 295
short int	2	2^{16}	-32 768 ~ 32 767
long int	4	2^{32}	-214 748 364 ~ 2 141 483 647
long long int	8	2^{64}	-9 223 372 036 854 775 808 ~ 9 223 372 036 854 775 807

2. 关键字 sizeof

sizeof 是一个关键字，且为编译时的运算符，用于判断变量或数据类型的字节大小。由于不同系统中，相同的数据类型的存储空间可能不同，所以可以利用 sizeof( ) 函数来获取各种数据类型的大小，即占内存多少个字节数。

使用 sizeof( ) 函数的语法：

```
sizeof(data type);
```

例如，查看自己的计算机中一个不同类型的变量占内存多少字节。

```
#include <iostream>
using namespace std;
int main()
{
    cout << "size of int:" << sizeof(int) << endl;
    cout << "size of short:" << sizeof(short) << endl;
    cout << "size of long long:" << sizeof(long long) << endl;
    return 0;
}
```

运行程序后，结果如下：

```
size of int:4
size of short:2
size of long long:8
```

请大家试一试，看看自己的计算机各个类型占用的存储空间为多大。

三、实型

实型(实数类型)是一种数据类型，其变量里能存放小数和整数。实型分为单精度型(float)和双精度型(double)，比如，我们可以使用float来定义一个变量来存储温度。实型定义格式和赋值方式如表2.3.4所示。

表 2.3.4 实型定义格式和赋值方式

实型	
基本概念	实类是一种数据类型，实型变量里能存放小数和整数
定义格式	float a；或者 double b；
赋值	a＝3.4；或者 b＝0.5；

单精度型和双精度型的区别又有哪些呢？

（1）在内存中占有的字节数不同。

单精度型在计算机内占 4 个字节，双精度型在计算机内占 8 个字节。

（2）所能表示数的范围不同。

单精度型的表示范围：－3.4E＋38 ～ ＋3.4E＋38；

双精度型的表示范围：－1.7E＋308 ～ ＋1.7E＋308；

例 2－4：小信买水果

请你编写一个程序计算小信买水果一共花多少元。

输入样例：（无输入）

```
```

输出样例：

```
一共花了 4.6 元买水果。
```

【参考程序】

```
#include <iostream>
using namespace std;
int main()
{
    int apple=1,orange=2,tomato=4;//变量的声明与赋值
    double sum;
    sum=apple*1+orange*0.8+tomato*0.5;//变量的赋值
    cout<<"一共花了"<<sum<<"元买水果。";//cout 输出结果
```

```
    return 0;
}
```

【小智分析】

（1）创建变量sum存储总价，由于总价可能为小数，因此sum变量类型设为double类型。
（2）double类型变量可以由cout输出。

【运行结果】

```
一共花了 4.6 元买水果。
```

四、字符型

1. 字符的概念

什么是字符呢？先看看字符的概念。

（1）字符是指计算机中使用的字母、数字和符号。

（2）如果我们想存字母，例如输入 k，能输出 k，就需要声明字符类型的变量来存放。

（3）例如大小写字母、数字 0 ~ 9 和一些特殊的符号“#”　“@”　“+”　“-”等。

2. 字符型

字符型的定义格式和赋值方式如表 2.3.5 所示。

表 2.3.5　字符型定义格式和赋值方式

基本概念	字符型（char）是一种数据类型，和实型、整型类似，不同的是字符型变量可存储的内容为单个字符
定义格式	char a;
赋值	a = 'k';

【小信提示】

（1）字符型变量的输入输出均和整型、实型一致。
（2）输入的是字符，但是赋值的时候不能忘记字符两边的单引号。

3. ASCII 码

计算机能够直接识别字符吗?

计算机其实是不能直接识别字符的，所有的数据在计算机中存储和运算时都要使用二进制数表示。像 a，b，c，d，A，B 这样的大小写字母以及阿拉伯数字 0 ~9，还有一些常用的符号（如 *、#、@ 等）在计算机中存储时也要使用二进制数来表示。那具体哪些二进制数表示哪个符号呢？为保证人类和设备、设备和计算机之间能进行正确的信息交换，人们编制了统一的信息交换代码，即 ASCII 码。简单来说，ASCII 码就相当于字符对应的数字编号，只要知道编号，就知道是哪个字符了。举个小例子，在学校里，每个学生的个人信息都是通过学号来记录的，知道了学号，就知道是哪个学生了，ASCII 码就类似于学生的学号。常用字符对应的 ASCII 码如表 2. 3. 6 所示。

表 2. 3. 6　常用字符的 ASCII 码

字符	ASCII 码
(space)（空格）	32
‘0’（数字 1 ~9，依次加 1）	48
‘a’（字母 b ~z，依次加 1）	97
‘A’（字母 B ~Z，依次加 1）	65

【小智举例】

在“char a='k';”中，字符型变量 a 存储的就是代表字符 k的ASCII 码107，而不是直接存储的字符k。

4. 字符的输出

ASCII 码是 int 类型，而字符是 char 类型。因此，要输出字符，需要把 int 类型转化成 char 类型。字符的输出有两种方法，如图 2. 3. 3 所示。

5. 字符的算术运算

字符型是可以进行算术运算的，如图 2. 3. 4 所示，计算机进行计算的时候会自动对字符所对应的 ASCII 码的值进行相应的运算。

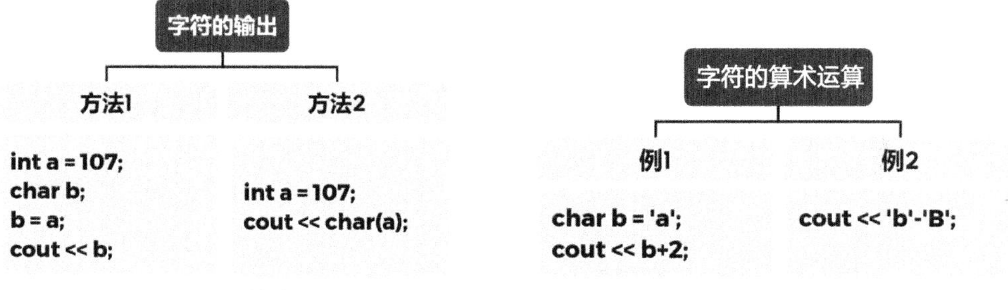

图 2. 3. 3　字符的输出　　图 2. 3. 4　字符的运算

比如将大小写字母进行转换，小写字母 a 的 ASCII 码是 97，大写字母 A 的 ASCII 码是 65，差值是 32。

如果我们要输出字符“h”对应的大写字母，直接可以写为：

```
cout << char('h' - 32);
```

如果我们要输出字符“F”对应的小写字母，直接可以写为：

```
cout << char('F' + 32);
```

【小智总结】

在计算机进行运算时，小写转大写减 32，大写转小写加 32。

例 2－5：大小写字母转换

【题目描述】

输入一个小写字母，输出这个字母对应的大写字母。

输入样例：

```
a
```

输出样例：

```
A
```

【参考程序】

```
#include <iostream>
using namespace std;
int main()
{
    char a,b;
    cin >> a;
    b = a - 32;
    cout << b << endl;
    return 0;
}
```

【分析】

（1）定义两个字符型变量 a 和 b。

（2）使用输入语句输入一个小写字母，并存储在字符变量 a 中。

（3）如将小写字母转换为大写字母，我们知道 ASCII 码差值为 32，因此使用变量 a－32 即可得到对应大写字母的 ASCII 码，并赋值给字符变量 b，在输出字符变量 b 时显示为相应大写字母。

五、布尔型

在C语言中，关系运算和逻辑运算的结果有两种：真与假。其中，0表示假，非0表示真。但是，C语言并没有彻底从语法上支持“真”和“假”，只是用0和非0来代表。这点在C++中得到了改善，C++新增了布尔型（bool型），它一般占用1个字节长度。布尔型只有两个取值：true和false。其中，true表示“真”，false表示“假”。

bool是类型名字，也是C++中的关键字，它的用法和int，char，long是一样的。遗憾的是，在C++中使用cout输出bool变量的值时还是用数字1和0表示。布尔型的结果一般出现在关系运算符、逻辑运算符以及if条件表达式和while循环条件中。这些运算符及表达式我们将在后续章节进行学习。

例2-6：比较大小

【题目描述】

输入两个数字a和b，输出a>b这个布尔值的结果。

输入样例：	输出样例：
30 20	flag = 1

【参考程序】

```
#include <iostream>
using namespace std;
int main()
{
    int a,b;
    bool flag; //定义布尔型变量
    cin >> a >> b;
    flag = a  > b;
    cout << "flag = " << flag << endl;
    return 0;
}
```

【分析】

（1）定义bool型变量flag。

（2）flag的取值为比较运算符“>”的判断结果：如果满足a>b，结果为真，bool型变量的值为1；如果不满足a>b，结果为“假”，bool型变量的值为0。

【运行结果】

```
30 20
flag=1
```

数据类型有多种，如果数据结果类型发生改变计算机还可以识别吗？不同数据类型之间应该如何进行转换呢？

六、类型转换

1. 基本概念

一些情况下，需要将一种类型的数据转换为另一种指定的数据类型，如表2.3.7所示，这就叫做类型转换。它是一种临时的转换。

表2.3.7 类型转换

基本概念	类型转换是把一种数据类型转化为另一种指定的数据类型
定义格式	(数据类型)(表达式); 即(要被转换成的类型)(被转换的式子);
注意	数据类型或表达式至少要有一个被括号括起来

2. 整型转换成浮点型

例如，输出5/2的小数结果，可以这么写：

```
int a=5;
cout << (double)a/2;
```

这么写就相当于先把a转化成double类型，再除以2。这样的话与5.0/2的道理是一样的，这里的a只是临时转化成浮点型。

3. 整型转换成浮点型的其他写法

把整型变量 a 转换成浮点型，除（double）a 这种写法外还有其他两种写法，分别为

```
double(a)
(double)(a)
```

通过上面三种写法可以看出，要把整型变量 a 转换成浮点型，a 和 double 至少要有一对小括号。

例 2-7：分离小数

【题目描述】

输入一个小数 a，分别输出 a 的整数部分和小数部分。

输入样例：	输出样例：
13.67	13 0.67

【参考程序】

```
#include <iostream>
using namespace std;
int main()
{
    double a;
    cin >> a;
    cout << (int)a << " " << a - (int)a;
    return 0;
}
```

【小智总结】

（1）cin与cout为对应关系，cin功能是输入，cout功能为输出。
（2）采用类型转换得到输入数字的整数部分，此操作仅改变数据类型，不会改变输入数字的值。

【运行结果】

```
13.67
13 0.67
```

七、练习

练习1：A+B问题

【题目描述】

输入两个整数a，b，输出它们的和。（|a|，|b| ≤65 535）

输入格式：

两个整数以空格分开。

输出格式：

一个整数。

输入样例：

```
20 30
```

输出样例：

```
50
```

练习2：分果汁

【题目描述】

现在有t毫升果汁，要均分给n名同学。每名同学需要2个杯子。现在想知道每名同学可以获得多少毫升果汁（严格精确到小数点后3位），以及一共需要多少个杯子。输入一个实数t和一个整数n，使用空格隔开。输出两个数字表示答案，使用换行隔开。

$0 \leqslant t \leqslant 10\ 000$ 且不超过3位小数，$1 \leqslant n \leqslant 1\ 000$

输入样例：

```
500.0 3
```

输出样例：

```
166.667
6
```

练习 3：单选题

1. 以下代码将导致（　　）。

```
int a1 =5;
double a2 =(float)a1;
```

A. 编译错误　　B. 运行期错误
C. 没有错误　　D. 运行时异常

2. 若有以下类型说明语句：char w；int x；float y；double z；则表达式 w * x + z - y 的结果类型是（　　）。

A. float　　B. int　　C. double　　D. char

3. 已知 int a =0X122，则 a/2 为（　　）。

A. 61　　B. 0X61　　C. 145　　D. 94

第四节　运算符与表达式

一、运算符和操作数

运算符是一种告诉编译器执行特定的数学或逻辑操作的符号。C ++ 语言提供了以下类型的运算符，如图 2.4.1 所示。

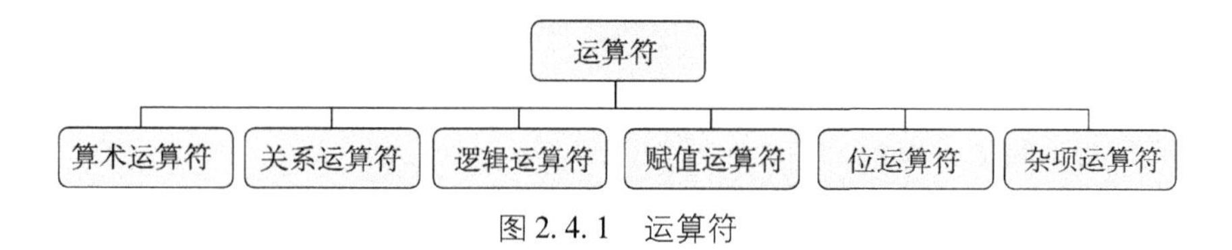

图 2.4.1　运算符

【小信提示】

操作数是运算符所作用的实体，是表达式中的一个组成部分，它规定了指令中进行数字运算的量。例如在加法运算x+y中，+为运算符，x和y就是操作数。

二、算术运算符

C++语言支持的算术运算符有加减乘除四则运算符，以及取模、自增和自减运算符。假设变量A的值为10，变量B的值为20，算术运算符如表2.4.1所示。

表2.4.1 算术运算符

<table>
<tr><th>运算符</th><th>描述</th><th>运算对象</th><th>实例</th><th>结果类型</th></tr>
<tr><td>+</td><td>把两个操作数相加</td><td>整型、实型</td><td>A+B将得到30</td><td rowspan="4">只要有一个运算对象是实型，结果就是实型；若全部的运算对象均为整型并且运算不是除法，则结果为整型；若运算是除法，则结果是实型</td></tr>
<tr><td>-</td><td>从第一个操作数中减去第二个操作数</td><td>整型、实型</td><td>A-B将得到-10</td></tr>
<tr><td>*</td><td>把两个操作数相乘</td><td>整型、实型</td><td>A*B将得到200</td></tr>
<tr><td>/</td><td>分子除以分母</td><td>整型、实型</td><td>A/B将得到0</td></tr>
<tr><td>%</td><td>取模运算符，整数相除后的余数</td><td>整型</td><td>A%B将得到10</td><td>整型</td></tr>
<tr><td>++</td><td>自增运算符，整数值增加1</td><td>整型、实型</td><td>A++将得到11</td><td rowspan="2">操作数是整型，结果为整型；操作数是实型，结果为实型</td></tr>
<tr><td>--</td><td>自减运算符，整数值减少1</td><td>整型、实型</td><td>A--将得到9</td></tr>
</table>

注意：算术运算符的优先级为先乘除、后加减，同级自左向右。

例2-8：简便计算器

小信想自己设计一个计算程序，只要输入a、b两个整数，就可以将两数的加、减、乘、除、取模以及a自增、a自减的结果输出。

输入样例：

```
10 20
```

输出样例：

```
30 -10 200 0 10 11 9
```

【参考程序】

```
#include<iostream>
using namespace std;
int main()
{
    int a,b,c;
    cin>>a>>b;
    cout<<a+b<<"  "<<a-b<<"  "<<a*b<<"  "<<a/b<<
"  "<<a%b<<"  ";
    c=a;//存储原始变量a的值
    a++;//a=a+1
    cout<<a<<"  ";
    a=c;//还原a本来的值
    a--;//a=a-1
    cout<<a;
    return 0;
}
```

【小信分析】

（1）a++后，a的值已经变化，需重新赋值为初始值。
（2）另设一个变量c来存储初始变量a的值。

【运行结果】

```
10  20
30  -10  200  0  10  11  9
```

例2-9：取模运算符的运用——输出数字的个位

【题目描述】

输入数字a，输出a的个位数字。

输入样例：

```
102
```

输出样例：

```
2
```

【参考程序】

```
#include <iostream>
using namespace std;
int main()
{
    int a;
    cin >> a;
    cout << a%10;
    return 0;
}
```

【小信分析】

利用取模运算符，让输入变量对10取模，得到的余数就是变量a的个位数字。

【运行结果】

```
102
2
```

三、关系运算符

假设变量 A 的值为 10，变量 B 的值为 20，关系运算符对应的运行过程及结果如表 2.4.2 所示。

表 2.4.2 关系运算符

运算符	描述	实例	结果类型
==	检查两个操作数的值是否相等，如果相等则条件为真	(A == B) 不为真	布尔型

续表

运算符	描述	实例	结果类型
!=	检查两个操作数的值是否相等，如果不相等则条件为真	（A!=B）为真	布尔型
>	检查左操作数的值是否大于右操作数的值，如果是则条件为真	（A>B）不为真	布尔型
<	检查左操作数的值是否小于右操作数的值，如果是则条件为真	（A<B）为真	布尔型
>=	检查左操作数的值是否大于或等于右操作数的值，如果是则条件为真	（A>=B）不为真	布尔型
<=	检查左操作数的值是否小于或等于右操作数的值，如果是则条件为真	（A<=B）为真	布尔型

【小信提示】

关系运算符的结果为布尔（bool）型，其中>、>=、<、<=优先级高，!=和==优先级低。我们在混合使用关系运算符时，建议使用括号规定好优先级。

例 2-10：设计一个评分程序

【题目描述】

小信想为年级朗诵比赛设计一个评分程序，分数在 90 以上，评为“最佳朗诵奖”；分数在 80～89 评为“朗诵之星奖”，分数在 70～79 评为“小小朗诵家”，分数在 69 以下评为“朗诵新星”。

输入样例：	输出样例：
91	最佳朗诵奖

【小信分析】

（1）程序需要关系运算符对输入的成绩进行比较、判断。当满足某个判断条件时，就输出对应的等级称号。
（2）因涉及多种情况的条件判断，需要用到分支语句，if，else if，else。

【参考程序】

```
#include <iostream>
using namespace std;
int main()
{
    int score;
    cin >> score;
    if(score >90)cout << "最佳朗诵奖";
    else if(score >80)cout << "朗诵之星奖";
    else if(score >70)cout << "小小朗诵家";
    else cout << "朗诵新星";
    return 0;
}
```

【运行结果】

```
91
最佳朗诵奖
```

【小智总结】

if，else if，else 语句可用于测试多种条件。满足第一个if执行第一个if里的代码，如果不满足第一个if，而满足第二个if，则执行第二个if（即else if）的代码，如果都不满足，就执行最后一个else。

四、逻辑运算符

假设变量 A 为真，变量 B 为假，逻辑运算符如表 2.4.3 所示。

表 2.4.3 逻辑运算符

运算符	描述	实例	结果类型
&&	逻辑与运算符。如果两个操作数都 true，则条件为 true	(A&&B) 为 false	布尔型
||	逻辑或运算符。如果两个操作数中有任意一个 true，则条件为 true	(A || B) 为 true	布尔型
!	逻辑非运算符。用来逆转操作数的逻辑状态，如果条件为 true，则逻辑非运算符将使其为 false	!(A&&B) 为 true	布尔型

关系运算符与逻辑运算符会在分支结构、循环结构中大量使用，这里暂不展开讲述，在第三章和第四章将会详细讲解它们的使用。

五、赋值运算符

1. 基本概念

程序中的“=”符号称为赋值运算符或赋值号，与数学中的“=”符号是不一样的。程序中的“=”指的是将右边的值赋给左边的变量，例如“int a = 3”就是“把 3 赋值给变量 a”；“sum = a + b”则应理解为“把 a + b 的值赋给变量 sum”。C++ 支持的赋值运算符如表 2.4.4 所示。

表 2.4.4 C++ 支持的赋值运算符

运算符	描述	实例
=	简单的赋值运算符，把右边操作数的值赋给左边操作数	C = A + B 将把 A + B 的值赋给 C
+=	加且赋值运算符，把右边操作数加上左边操作数的结果赋值给左边操作数	C += A 相当于 C = C + A
-=	减且赋值运算符，把左边操作数减去右边操作数的结果赋值给左边操作数	C -= A 相当于 C = C - A
*=	乘且赋值运算符，把左边操作数乘以右边操作数的结果赋值给左边操作数	C *= A 相当于 C = C * A
/=	除且赋值运算符，把左边操作数除以右边操作数的结果赋值给左边操作数	C/= A 相当于 C = C/A

续表

运算符	描述	实例
%=	求模且赋值运算符，求两个操作数的模并赋值给左边操作数	C %= A 相当于 C = C % A
<<=	左移且赋值运算符	C <<=2 等同于 C = C <<2
>>=	右移且赋值运算符	C >>=2 等同于 C = C >>2
&=	按位与且赋值运算符	C &=2 等同于 C = C & 2
^=	按位异或且赋值运算符	C^=2 等同于 C = C ^ 2
|=	按位或且赋值运算符	C |=2 等同于 C = C | 2

2. 变量的连续赋值

当很多变量都需要赋给一个相同值的时候，我们可以使用连续的赋值符号完成这个操作，变量的连续赋值如表 2.4.5 所示。

表 2.4.5 变量的连续赋值

基本格式	变量 = 变量 = 变量 = …… = 变量 = 表达式;
举例	int a,b,c,d,e; a = b = c = d = e = 88;
说明	该例子完成的功能是将 88 这个数值赋给 a，b，c，d，e 这五个变量。而在程序内部执行的顺序如下：e = 88；d = e；c = d；b = c；a = b

六、位运算符

位运算就是基于逻辑运算的运算，位运算符作用于位，并逐位执行操作。&、| 和 ^ 的真值表如表 2.4.6 所示。

表 2.4.6 &、| 和 ^ 的真值

p	q	p & q	p | q	p^q
0	0	0	0	0
0	1	0	1	1
1	1	1	1	0
1	0	0	1	1

【小信提示】

&：与，两个位都为1时，结果才为1；
|：或，两个位都为0时，结果才为0；
^：异或，两个位相同为0，相异为1。

假设 A＝60，B＝13，二进制格式表示为 A＝00111100，B＝00001101，具体位运算如表 2.4.7 所示。

表 2.4.7　位运算

<table>
<tr><th>运算符</th><th>运算结果</th></tr>
<tr><td>A&B</td><td>00001100</td></tr>
<tr><td>A | B</td><td>00111101</td></tr>
<tr><td>A^B</td><td>00110001</td></tr>
<tr><td>~A</td><td>11000011</td></tr>
</table>

例 2－11：位运算

13^(1 <<3) 的结果是多少（^为异或）?（　　）

A. 5　　B. 9　　C. 13　　D. 21

【分析】

这道题我们先要明确，括号中 1 <<3 的结果是什么。“ << ”是左移运算符，用于将一个数的各二进制位全部左移若干位，右边空出的位用 0 填补，高位左移溢出，即超出 8 位，则舍弃该高位。1 <<3，就是数字 1 左移 3 位，即 00000001→00001000（8）。下一步就是求 13^8 的结果，需要将两个十进制数转换为二进制数进行按位异或运算。1101 与 1000 按位异或运算的结果为 0101，二进制 0101 转换为十进制数为 5，因此此题答案为 A。

七、优先级

运算符的优先级确定表达式中项的组合，这会影响到一个表达式如何计算。某些运算符比其他运算符有更高的优先级，例如，乘除运算符具有比加减运算符更高的优先级。

例如 x = 7 + 3 * 2，在这里，x 被赋值为 13，而不是 20，因为运算符“ * ”具有比“ + ”更高的优先级，所以首先计算乘法 3 * 2，然后再加上 7。

表 2.4.8 按优先级从高到低列出各个运算符，具有较高优先级的运算符出现在表格的上面，具有较低优先级的运算符出现在表格的下面。在表达式中，较高优先级的运算符会优先被计算。

表 2.4.8 运算符优先级

优先级	运算符	结合性
1	( ) [ ] -> .	从左到右
2	+ - ! ~ ++ - - (type) * & sizeof	从右到左
3	* / %	从左到右
4	+ -	从左到右
5	<<>>	从左到右
6	<<=>>=	从左到右
7	== !=	从左到右
8	&	从左到右
9	^	从左到右
10	|	从左到右
11	&&	从左到右
12	||	从左到右
13	?:	从右到左
14	= += -= *= /= %= >>= <<= &= ^= |=	从右到左
15	,	从左到右

下面举例说明优先级对运算结果产生的影响。看看下面的程序，你能写出运行后的结果吗?

```
#include <iostream>
using namespace std;
int main()
{
    int a = 20;
    int b = 10;
    int c = 15;
```

```
    int d=5;
    int e;
    e=(a+b)* c /d;      //(30* 15)/5
    cout<<"(a+b)* c /d 的值是 "<<e<<endl;
    e=((a+b)* c)/d;    //(30* 15)/5
    cout<<"((a+b)* c)/d 的值是 "<<e<<endl;
    e=(a+b)* (c /d);  //(30)* (15/5)
    cout<<"(a+b)* (c /d)的值是 "<<e<<endl;
    e=a+ (b* c)/d;     // 20 + (150/5)
    cout<<"a+ (b* c)/d 的值是 "<<e<<endl;
    return 0;
}
```

当上面的代码被编译和执行时，它会产生以下结果：

```
(a+b)* c/d 的值是 90
((a+b)* c)/d 的值是 90
(a+b)* (c/d)的值是 90
a+ (b* c)/d 的值是 50
```

八、练习

练习 1：数字对调

【题目描述】

输入一个三位数，要求把这个数的百位数与个位数对调，输出对调后的数。

输入样例：

```
234
```

输出样例：

```
n=432
```

【说明】

我们可以使用 C++的算术和取模运算符来解决这个问题。具体来说，我们可以将这个三位数的百位数和个位数分别取出来，然后将它们对调，最后再将它们组合成一个新的数。

练习 2：吃苹果

【题目描述】

小智喜欢吃苹果。她现在有 m（m≤100）个苹果，吃完一个苹果需要花费 t（0≤t≤100）分钟，吃完一个后立刻开始吃下一个。现在时间过去了 s（s≤

10 000）分钟，请问她还有几个完整的苹果？

输入格式：

输入三个非负整数表示 m，t 和 s。

输出格式：

输出一个整数表示答案。

输入样例：	输出样例：
50 10 200	30

第五节 基本的输入与输出

一、求圆环面积

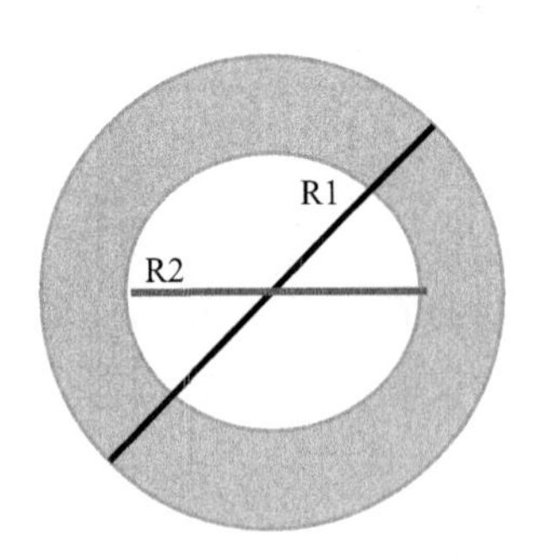

【分析】

圆面积的公式是：圆周率（π）× 半径 × 半径。根据题目要求，输入外圆和内圆的直径，所以先要求取内圆和外圆的半径，半径 = 直径 ÷2，再根据圆面积公式，分别求出外圆面积与内圆面积。再根据公式“圆环面积 = 外圆面积 - 内圆面积”即可求得圆环面积。

根据上面的分析，我们可以使用如下程序实现：

```
#include <iostream>
using namespace std;
int main()
{
    float R1,R2;
    float s1,s2;
    float r1,r2;
    cout << "输入外圆直径:";
    cin >> R1;
    cout << "输入内圆直径:";
    cin >> R2;
    r1 = R1/2;
    r2 = R2/2;
    s1 = 3.14* r1* r1;
    s2 = 3.14* r2* r2;
    cout << "外圆面积 =" << s1 << endl;
    cout << "内圆面积 =" << s2 << endl;
    cout << "圆环面积 =" << s1 - s2 << endl;
    return 0;
}
```

【小信提示】

在程序实现中，圆周率（π）我们取值为3.14，不同的取值可能会出现不同的结果哦！

当上面的代码被编译和执行时，它会产生以下结果：

```
输入外圆直径:20
输入内圆直径:10
外圆面积 =314
内圆面积 =78.5
圆环面积 =235.5
```

通过以上的例子分析，我们知道了：一个完整的程序一般具备数据输入、运算处理、数据输出三个要素。C++的 I/O 发生在流中，流是字节序列。如果字节流是从设备（如键盘、磁盘驱动器、网络连接等）流向内存，称为输入操作；如果字节流是从内存流向设备（如显示屏、打印机、磁盘驱动器、网络连接等），称为输出操作。

本节我们主要介绍标准输出流 cout、标准输入流 cin、格式化输出函数 printf 与格式化输入函数 scanf。

二、I/O 库头文件

在C语言家族程序中，头文件被大量使用。它作为一种包含功能函数、数据接口声明的载体文件，主要用于保存程序的声明。

在运用不同的函数时要添加上相应的头文件，如表 2.5.1 所示。

表 2.5.1 常见头文件

头文件	函数和描述
iostream	该文件定义了 cin、cout、cerr 和 clog 对象，分别对应于标准输入流、标准输出流、非缓冲标准错误流和缓冲标准错误流
iomanip	该文件通过所谓的参数化的流操纵器（比如 setw 和 setprecision），来声明对执行标准化 I/O 有用的服务
fstream	该文件为用户控制的文件处理声明服务

例如，在下面的程序中，因为使用了标准输出流，因此需要在程序中加上头文件。

```
#include <iostream>
using namespace std;
int main()
{
    cout << "Hello World!";
    cout << "欢迎学习程序设计!";
    return 0;
}
```

三、标准输出流 cout

C++的输出和输入是用“流”（stream）的方式实现的，如图 2.5.1 所示。

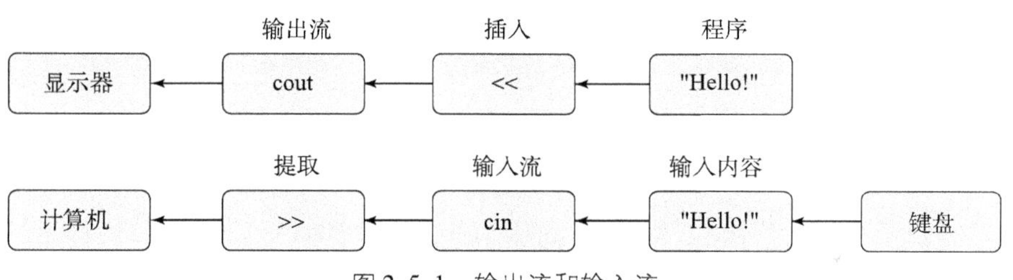

图 2.5.1　输出流和输入流

有关流对象 cin，cout 和流运算符的定义等信息是存放在 C++的输入输出流库中的，因此如果在程序中使用 cin，cout 和流运算符，就必须使用预处理命令把头文件 stream 包含到本文件中：#include < iostream >。

尽管 cin 和 cout 不是 C++本身提供的语句，但是在不致混淆的情况下，为了叙述方便，常常把由 cin 和流提取运算符“ >> ”实现输入的语句称为输入语句或 cin 语句。并把 cout 和流插入运算符“ << ”实现输出的语句称为输出语句或 cout 语句。根据 C++的语法，凡是能实现某种操作而且最后以分号结束的都是语句。输出指令格式及功能如表 2.5.2 所示。

表 2.5.2　输出指令

标准输出指令	cout
标准使用格式	cout <<
指令功能	用于在控制台输出结果，如果想要原样输出我们希望显示的内容，那么就需要将原样输出的内容用双引号引起来

cout 是与流插入运算符“<<”结合使用的，如下所示：

```
#include <iostream>
using namespace std;
int main()
{
    char str[] = "Hello C++";//定义了一个字符数组
    cout << "Value of str is : " << str << endl;
    return 0;
}
```

当上面的代码被编译和执行时，它会产生下列结果：

```
Value of str is : Hello C++
```

C++编译器根据要输出变量的数据类型，选择合适的流插入运算符来显示值。运算符“<<”被重载来输出内置类型（整型、浮点型、双浮点型、字符串和指针）的数据项。

如上面程序中所示，流插入运算符“<<”在一个语句中可以多次使用，同时 endl 用于在行末添加一个换行符。

一个 cout 语句也可以分写成若干行，比如：

```
cout << "This is a C++program." << endl;
```

上述例子也可以写成：

```
cout << "This is " //注意行末尾无分号
 << "a C++"
 << "program."
 << endl;//语句最后有分号
```

也可写成多个 cout 语句，即

```
cout << "This is ";//语句末尾有分号
cout << "a C++";
cout << "program.";
cout << endl;
```

以上三种情况的输出均为：

```
This is a C++program.
```

如果在每个“cout<<”后面都添加一次“cout<<endl”语句，会是什么效果呢?

注意，不能用一个插入运算符“ << ”插入多个输出项，如：

```
cout << a,b,c; //错误,不能一次插入多项
cout << a + b + c; //正确,这是一个表达式,作为一项
```

在用 cout 输出时，用户不必通知计算机按何种类型输出，系统会自动判别输出数据的类型，使输出的数据按相应的类型输出。如已定义 a 为 int 型，b 为 float 型，c 为 char 型，则

```
#include <iostream>
using namespace std;
int main()
{
    int a =10;
    float b =5.5;
    char c = 'A';
    cout << a << ' ' << b << ' ' << c << endl;
    return 0;
}
```

会以下面的形式输出：

```
10 5.5 A
```

四、标准输入流 cin

预定义的对象 cin 是 iostream 类的一个实例。cin 对象附属到标准输入设备（通常是键盘）。cin 是与流提取运算符“ >> ”结合使用的，输入指令格式及功能如表 2.5.3 所示。

表 2.5.3 输入指令

标准输入指令	cin
标准使用格式	cin >>
指令功能	把外部输入的数据传入到计算机中，存储在指定的变量里面

```
#include <iostream>
using namespace std;
int main()
{
    char name[50];    //创建了一个字符数组
    cout << "请输入您的名称:";
    cin  >> name;
    cout << "您的名称是:" << name << endl;
    return 0;
}
```

当上面的代码被编译和执行时，它会提示用户输入名称。当用户输入一个值，并按回车键，就会看到下列结果：

```
请输入您的名称:小明
您的名称是:小明
```

C++编译器根据要输入值的数据类型，选择合适的流提取运算符来提取值，并把它存储在给定的变量中。

流提取运算符“ >> ”在一个语句中可以多次使用，如果要求输入多个数据，可以使用如下语句：

```
cin >> name >> age;
```

这相当于下面两个语句：

```
cin >> name;
cin >> age;
```

五、在输入流与输出流中使用控制符

前面介绍的是使用 cout 和 cin 时的默认格式。但有时人们在输入输出时有一些特殊的要求。如：在输出实数时规定字段宽度；只保留两位小数；数据向左或向右对齐等。C++提供了在输入输出流中使用的控制符（有的书中称为操纵符），具体控制符及其作用如 2.5.4 所示。

表 2.5.4　输入流与输出流中控制符及其作用

控制符	作用
dec	设置数值的基数为 10
hex	设置数值的基数为 16
cot	设置数值的基数为 8
setfill(c)	设置填充字符 c，c 可以是字符常量，也可以是字符变量
setprecision(n)	设置浮点数的精度为 n 位。在以一般的十进制小数形式输出时，n 代表有效数字。在以 fixed（固定小数位数）形式和 scientific（指数）形式输出时，n 为小数位数
setw(n)	设置字段宽度为 n 位
setiosflags(ios::fixed)	设置浮点数以固定小数位数显示
setiosflags(ios::scientific)	设置浮点数以科学计数法（即指数）显示
setiosfags(ios::left)	数据左对齐
setiosflags(ios::right)	数据右对齐
setiosflags(ios::skipws)	忽略前导的空格
setiosflags(ios::uppercase)	数据以十六进制输出时，字母以大写表示
setiosflags(ios::lowercase)	数据以十六进制输出时，字母以小写表示
setiosflags(ios::showpos)	输出正数时给出加号

需要注意的是：如果使用了控制符，在程序单位的开头除了要加 iostream 头文件外，还要加 iomanip 头文件。例如，想要输出双精度数：double a = 123.456789012345，一些具体的用法例子如表 2.5.5 所示。

表 2.5.5 控制符运用

语句	结果
cout << a;	123.456
cout << setprecision(9) << a;	123.456789
cout << setiosflags(ios::fixed);	123.456789
cout << setiosflags(ios::fixed) << setprecision(8) << a;	123.45678901
cout << setiosflags(ios::scientific) << a;	1.234568e+02
cout << setiosflags(ios::scientific) << setprecision(4) << a;	1.2346e+02

六、格式化输出函数 printf

int printf(const char * format, ...) 函数把输出写入到标准输出流 stdout，并根据提供的格式产生输出。

format 可以是一个简单的常量字符串，但是你可以分别指定%s,%d,%c,%f 等来输出或读取字符串、整数、字符或浮点数。还有许多其他可用的格式选项，可以根据需要使用。

这是在 stdio.h 中声明的一个函数，因此使用前必须加入“#include <stdio.h>”，使用它可以向标准输出设备（比如屏幕）输出数据。

整数输出格式如表 2.5.6 所示；字符及字符串输出格式如表 2.5.7 所示。

1. 整数输出格式

表 2.5.6 整数输出格式

格式符	功能
%d	整数的参数会被转成有符号的十进制数字
%u	整数的参数会被转成无符号的十进制数字
%o	整数的参数会被转成无符号的八进制数字
%x	整数的参数会被转成无符号的十六进制数字，并以小写 abcdef 表示
%X	整数的参数会被转成无符号的十六进制数字，并以大写 ABCDEF 表示
%f	double 型的参数会被转成十进制数字，并取到小数点以下六位，四舍五入
%e	double 型的参数以指数形式打印，有一个数字会在小数点前，六位数字在小数点后，而在指数部分会以小写的 e 来表示
%E	与%e 作用相同，唯一区别是指数部分将以大写的 E 来表示

2. 字符及字符串输出格式

表 2.5.7　字符及字符串输出格式

格式符	功能
%c	整数的参数会被转成 unsigned char 型打印出
%s	指向字符串的参数会被逐字输出，直到出现 NULL 字符为止
%p	如果参数是“void *”型指针则使用十六进制格式显示

3. 输出整型数据

复制并运行以下程序，看看结果如何。

```
#include <stdio.h>
int main()
{
    int testInteger=5;
    printf("Number=%d",testInteger);
    return 0;
}
```

编译并运行以上程序，输出结果为：

```
Number=5
```

【小信提示】

在printf( )函数的引号中使用"%d"(整型)来匹配整型变量testInteger并输出到屏幕。

4. 输出浮点型数据

复制并运行以下程序，看看结果如何。

```
#include <stdio.h>
int main()
{
```

```
    float f;
    printf("Enter a number: ");
    //%f 匹配浮点型数据
    scanf("%f",&f);
    printf("Value =%f",f);
    return 0;
}
```

编译并运行以上程序，输出结果为：

```
Enter a number:2.34
Value =2.340000
```

【小信提示】

在printf( )的引号中使用"%f"来匹配浮点型变量f并输出到屏幕。

七、格式化输入函数 scanf

相对于 printf 函数，scanf 函数就简单得多。scanf 函数的功能与 printf 函数正好相反，执行格式化输入功能。即 scanf 函数从格式串的最左端开始，每遇到一个字符便将其与下一个输入字符进行“匹配”，如果二者匹配（相同）则继续，否则结束对后面输入的处理。而每遇到一个格式说明符，便按该格式说明符所描述的格式对其后的输入值进行转换，然后将其存于与其对应的输入地址中。以此类推，直到格式串结束为止。

是不是很简单？现在让我们通过下面这个简单的实例来加深理解。

```
#include <stdio.h>
int main()
{
    char str[100];
    int i;
    printf("Enter a value:");
    scanf("%s %d",str,&i);
    printf("\nYou entered:%s %d ",str,i);
    printf("\n");
    return 0;
}
```

当上面的代码被编译和执行时，它会等待输入一些文本，当输入一个文本并按下回车键时，程序会继续并读取输入，显示如下：

```
Enter a value:test 123
You entered:test 123
```

在这里，应当指出的是，“scanf( )”期待输入的格式与所给出的%s 和%d 相同。这意味着必须提供有效的输入，比如“string integer”，如果所提供的是“string string”或“inte - ger integer”，它会被认为是错误的输入。另外，在读取字符串时，只要遇到一个空格，“scanf( )”就会停止读取，所以“this is test”对“scanf( )”来说是三个字符串。

八、练习

练习 1：字符画

【题目描述】

超级玛丽是一个非常经典的游戏。请你用字符画的形式输出超级玛丽中的一个场景。

```
                ********
               ************
               ####....#.
             #..###.....##....
             ###......######                             ###            ###
                ..........                              #...#          #...#
               ##*#######                               #.#.#          #.#.#
            ####*******######                           #.#.#          #.#.#
           ...#***.****.*###....                        #...#          #...#
           ....**********##....                          ###            ###
           ....****    *****....
             ####        ####
           ######        ######
##############################################################
#...#......#.##...#......#.##...#......#.##------------------#
###########################################------------------#
#..#....#....##..#....#....##..#....#....#####################
##########################################    #----------#
#.....#......##.....#......##.....#......#    #----------#
##########################################    #----------#
#.#..#....#..##.#..#....#..##.#..#....#..#    #----------#
##########################################    ############
```

超级玛丽场景

练习 2：下列程序段的输出结果为（　　）。

```
float x=213.82631;
printf("%3d",(int)x);
```

A. 213.826　　B. 213.83　　C. 213　　D. 3.8

练习 3：打印 ASCII 码

【题目描述】

输入一个除空格以外的可见字符（保证在 scanf 函数中可使用格式说明符%c 读入），输出其 ASCII 码。

输入格式：

一个除空格以外的可见字符。

输出格式：

一个十进制整数，即该字符的 ASCII 码。

输入样例：

```
A
```

输出样例：

```
65
```

本节知识你是不是都掌握了呢?

第六节　顺序结构综合实战

1. 数字反转

【题目描述】

输入一个不小于 100 且小于 1 000，同时包括小数点后一位的一个浮点数，例如 123.4，要求把这个数字翻转过来，变成 4.321 并输出。

输入格式：

一行一个浮点数。

输出格式：

一行一个浮点数。

输入样例：	输出样例：
123.4	4.321

【小智提示】

我们可以使用C++的算术和取模运算符以及字符串处理函数来解决这个问题。具体来说，我们可以先将这个浮点数转换成字符串，然后将小数点后一位和整数部分分别翻转，最后再将它们组合成一个新的字符串，并将它转换回浮点数。

2. 三角形面积

【题目描述】

一个三角形的三条边长分别是 a，b，c，那么它的面积为 $\sqrt{p(p-a)(p-b)(p-c)}$，其中 $p=\frac{1}{2}(a+b+c)$。输入这三个数字，计算三角形的面积，四舍五入精确到 1

位小数。保证能构成三角形，$0 \leqslant a, b, c \leqslant 1\ 000$，每个边长输入时不超过 2 位小数。

输入格式：

一行三个数。

输出格式：

一行一个浮点数。

输入样例：

```
3 4 5
```

输出样例：

```
6.0
```

3. 小玉买文具

【题目描述】

班主任给小玉一个任务：到文具店里买尽量多的签字笔。已知一支签字笔的价格是 1 元 9 角，而班主任给小玉的钱是 a 元 b 角，小玉想知道，她最多能买多少支签字笔。

输入格式：

输入一行两个整数，分别表示 a 和 b。

输出格式：

输出一行一个整数，表示小玉最多能买多少支签字笔。

输入样例：

```
10 3
```

输出样例：

```
5
```

【说明】

数据规模与约定，对于全部的测试点，保证 $0 \leqslant a \leqslant 10^4$，$0 \leqslant b \leqslant 9$。

4. 上学迟到

【题目描述】

小信的学校要求早上 8 点前到达。学校到小信的家一共有 s（$s \leqslant 10\ 000$）米，而小信可以以 v（$v < 10\ 000$）米每分钟的速度匀速走到学校。此外在上学路上小信还要额外花 10 分钟时间进行垃圾分类。为了避免迟到，小信最晚什么时候出门？输出 hh：mm 的时间格式，不足两位时补零。由于路途遥远，小信可能不得不提前出发，不过不可能提前超过一天。

输入格式：

两个正整数 s，v，意思已经在题目中给定。

输出格式：

hh：mm 表示最晚离开家的时间

注："时：分"，必须输出两位，不足两位前面补0。

输入样例：

```
100 99
```

输出样例：

```
07：48
```

5. 计算邮资

【题目描述】

邮寄包裹时，根据邮件的质量和用户是否选择加急计算邮费。计算规则：质量在1千克以内（包括1千克），基本费用为8元。超过1千克的部分，每500克加收超重费4元，不足500克的部分按500克计算；如果用户选择加急，多收5元。

输入格式：

输入一行，包含整数和一个字符，以一个空格分开，分别表示质量（单位为克）和是否加急。如果字符是y，说明选择加急；如果字符是n，说明不加急。

输出格式：

输出一行，包含一个整数，表示邮费。

输入样例：

```
1200 y
```

输出样例：

```
17
```

6. 小鱼的游泳时间

【题目描述】

游泳比赛要到了，小鱼在拼命练习游泳准备参加游泳比赛，这一天，小鱼给自己的游泳时间做了精确的计时（本题中的计时都按24小时制计算），它发现自己从a时b分一直游到当天的c时d分，请你帮小鱼计算一下，它这天一共游了多少时间呢？

小鱼游得好辛苦呀，你可不要算错了哦。

输入格式：

一行内输入4个整数，分别表示a，b，c，d。

输出格式：

一行内输出2个整数e和f，用空格间隔，依次表示小鱼这天一共游了多少小时多少分钟。其中表示分钟的整数f应该小于60。

输入样例：

```
12 50 19 10
```

输出样例：

```
6 20
```

7. 分糖果

【题目描述】

某幼儿园里，有5个小朋友编号为1，2，3，4，5，他们按自己的编号顺序围坐在一张圆桌旁。他们身上都有若干个糖果（键盘输入），现在他们做一个分糖果游戏。从1号小朋友开始，将自己的糖果均分三份（如果有多余的糖果，则立即吃掉），自己留一份，其余两份分给他的相邻的两个小朋友。接着2号、3号、4号、5号小朋友同样这么做。问一轮后，每个小朋友手上分别有多少糖果。

输入样例：

```
8 9 10 11 12
```

输出样例：

```
11 7 9 11 6
```

恭喜你，又通关一章！！

第三章

岔路口的选择——分支结构

第一节　如何选择

一、神奇的魔法

我们都知道，计算机就像魔法屋一样，可以快速地解决很多问题。其实这个魔法屋里储存着由很多步骤或过程组成的程序，而它们就是解决问题的神奇魔法——算法（Algorithm）。算法主要包括两个方面：①控制程序的执行；②控制程序执行顺序。

我们可以这样理解算法，比如执行“早上起床准备去上学”的程序，它包括的算法操作是：

起床，脱睡衣，洗澡，穿衣，吃早饭，乘车

操作的正确顺序就是：起床→脱睡衣→洗澡→穿衣→吃早饭→乘车。

如果顺序错误会产生什么情况呢?

假如顺序错误的话，比方说：起床→脱睡衣→穿衣→洗澡→吃早饭→乘车。

这样就感觉很杂乱无章。所以，可以看出算法这个魔法需要遵从“逻辑”。

程序＝算法＋数据结构

计算机里一个完整的程序就是算法加上数据结构，其中算法是程序的灵魂。如前面的“上学算法”，如果选择的道路错了，那么再怎么走也是死路。算法的魔法作用就是帮助程序走正确的道路。

二、伪代码与流程图

在魔法学院里，优秀的魔法师一般都会选用好用的魔法棒。我们书写程序也是一样，一般要提前梳理算法的执行思路。梳理算法有两个特别好用的“魔法棒”：伪代码和流程图。

1. 伪代码

伪代码的作用是帮助程序员“构思”程序，是一种人为的非正式语言。伪代码类似于日常用语，仅用来表示执行语句。

伪代码可方便地变为执行语句，不拘泥于C语言细节。人们在用不同的编程语言实现同一个算法时意识到，它们的实现（也就是写代码的方式）很不一样。所以直接读代码的时候会增加不少麻烦，而且这也是为什么工程开发中给代码写注释尤其重要。

这种情况下，除了注释，伪代码也应运而生。伪代码提供了更多的设计信息，其目的是使被描述的算法可以容易地以任何一种编程语言（PASCAL，C，Java等）实现。因此，伪代码必须结构清晰、代码简单、可读性好，并且类似自然语言，如图3.1.1所示。

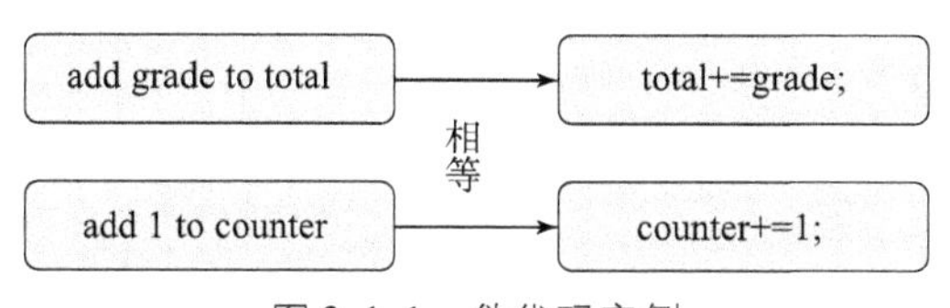

图3.1.1 伪代码实例

将变量total加上grade，和total += grade是等价的，而给counter加1和counter +=1也是等价的。

2. 流程图/活动图

流程图是一种常用的描述算法的图形化工具。俗话说，一张图胜过千言万语。用流程图来描述算法可以让他人快速理解算法的过程和步骤，相对文字来说也引人入胜，与他人进行算法的沟通和交流也非常方便。它由专用符号组成，如圆角矩形、菱形、平行四边形，不同形状会有不同的意义。这些符号用箭头连接，表示活动流向。

活动图包括开始、动作、注释、结束，如图3.1.2所示。

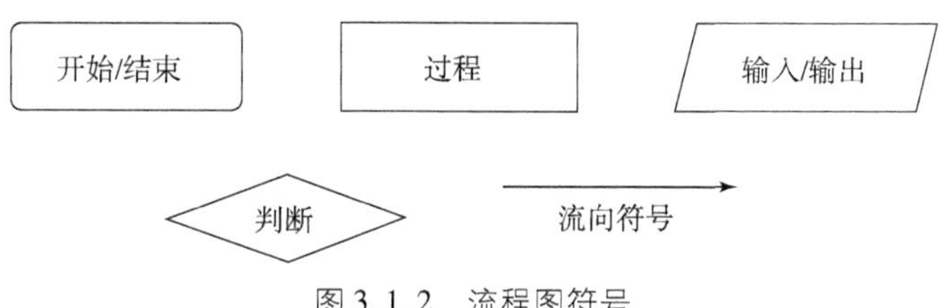

图3.1.2 流程图符号

是不是很简单？请你总结一下伪代码和流程图的优缺点以及不同之处吧！

三、三类控制结构

魔法师的魔法咒语从简单到复杂，非常多，那魔法师是如何记住这些咒语的呢？万变不离其宗，其实所有魔法都是有通用口诀的。计算机里的程序也是如此，它的口诀就是我们算法的三种基本控制结构。掌握了算法的魔法口诀，就真正算走进编程的大门啦，快来试试吧！

1. 三种基本的控制结构

算法的魔法口诀由顺序结构、分支结构和循环结构三种基本控制结构组成。

（1）顺序结构。顺序结构是最简单的，也是最常用的程序结构，只要按照解决问题的顺序写出相应的语句就行。它的执行顺序是自上而下，依次执行的。我们之前的章节中接触到的程序大部分是顺序结构。

（2）分支结构，又称选择结构、条件语句等。对给定的条件进行判断，根据判断的结果执行不同的分支语句，控制程序的流程。

（3）循环结构，又称重复结构。对循环条件进行判断，如果条件成立，反复执行循环体语句；如果不成立，立即结束循环。循环结构充分利用了计算机运算速度快和自动执行的优点，可以减少源程序重复书写的工作量。

无论用 C++ 程序解决多么复杂的问题，使用到的算法均由顺序、分支和循环三种基本控制结构组合而成。

2. 三种控制结构流程图

以小慧在魔法学院学习和实践过程为经历，说明顺序结构、分支结构、循环结构三种控制结构的流程图，如图 3. 1. 3 所示。

从图 3. 1. 3 中很明显可以看出，顺序结构就是自上而下依次执行；分支结构是根据给定的条件进行判断而作出选择的一种结构，流程图中必定包括一个判断框，满足条件时执行一个处理框，不满足条件时执行另一个处理框；循环结构是描述重复执行操作的控制结构，同样也有判断框，通过对判断框里的条件进行判断，只要满足条件重复就执行某些步骤，直到不满足条件跳出循环。

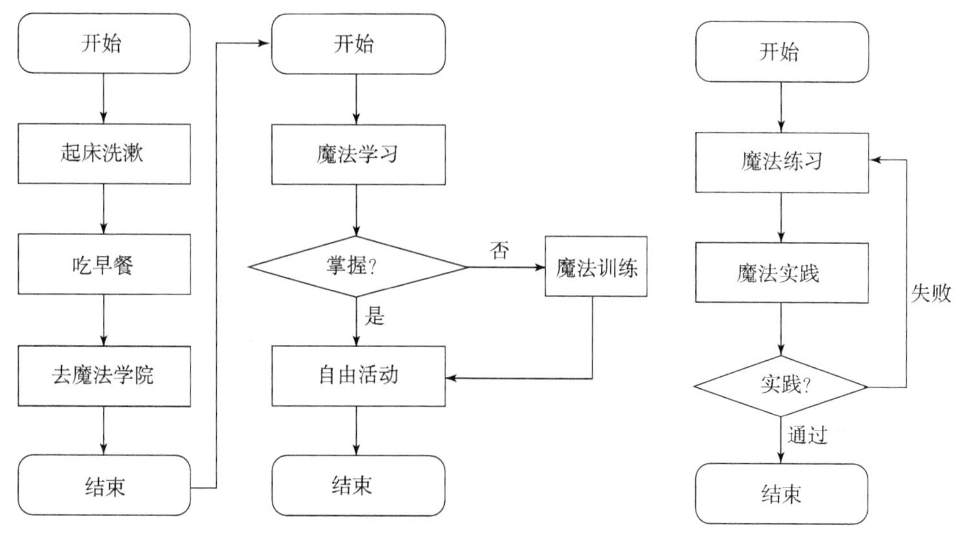

图 3.1.3 三种控制结构流程图

3. 堆叠与嵌套

前面我们提到，C++程序中所有算法都由以上三种控制结构组成。那魔法的奥秘就在于三种结构的组合方式，偷偷告诉你，常见的组合方式有两种：堆叠（Stacking）、嵌套（Nesting）。

堆叠就是将一种结构叠在另一种结构上。如图 3.1.4 所示，先是顺序结构，然后是分支结构，两种结构连接了起来。

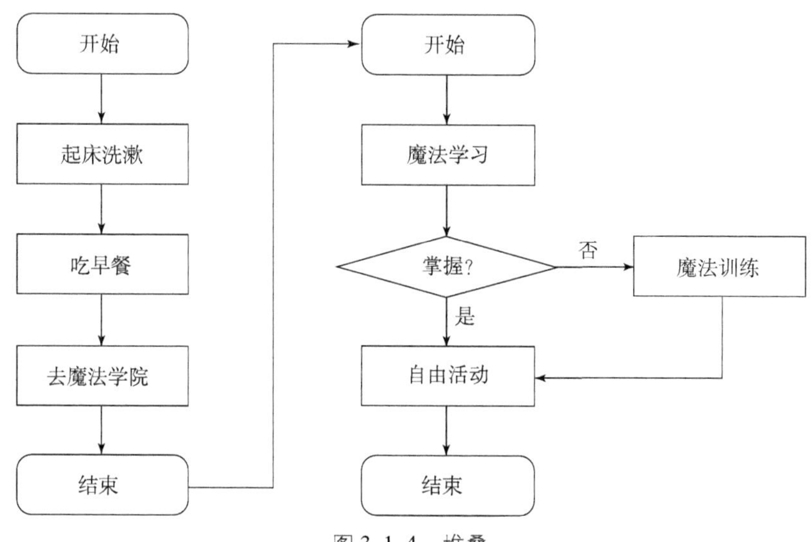

图 3.1.4 堆叠

嵌套是指在已有的结构中嵌入一种结构。比如：在分支结构的一个分支里面又嵌入了一个循环结构，如图 3.1.5 所示。

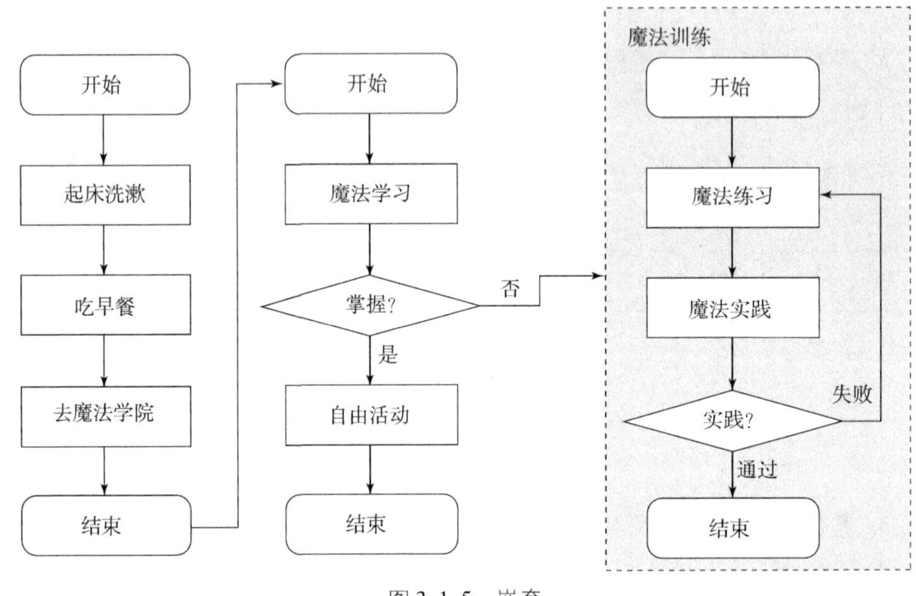

图 3.1.5 嵌套

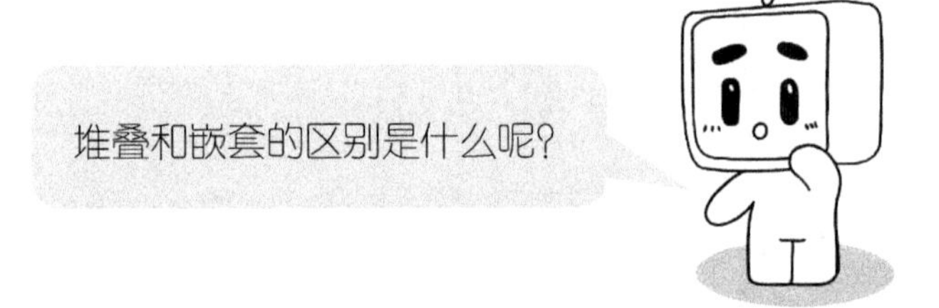

四、分支结构

学习到这里，很多同学肯定都想尝试书写自己的魔法，同学们暂且不要着急，前面我们已经学习了三大基本结构之一——顺序结构，让我们跟着顺序结构的脚步，再去认识下另外一种神奇结构——分支结构。

魔法学院例行测试中，小慧遇到了一道难题。

例 3-1：除法运算

定义两个整型变量 a 和 b，一个双精度浮点型 d。输入 a，b，再用 a 除以 b，将得到的值赋予 d 并输出。

输入样例：

```
3 1
```

输出样例：

```
3/1 =3.000000
```

【参考程序】

```
#include <stdio.h>
int main()
{
    int a,b;
    double d;
    scanf("%d%d",&a,&b);
    d=(double)(a)/b;
    printf("%d/%d=%f\n",a,b,d);
    return 0;
}
```

【分析】

那同学们考虑一下这种情况，如果输入的是 3 和 0，结果会怎样？

【运行结果】

```
3 0
3/0 =1.#INF00
```

在数学中，0是不能作为除数的，但计算机并不会识别出来，只会表现为程序运行时错误。那要如何避免出现运行错误呢？

魔法书里记载到：当顺序结构无法解决这个问题时，我们可以尝试使用分支结构。原来并非所有的程序语句都要被顺序执行到，我们会希望满足某种条件就执行这部分语句，满足另一条件就执行另一部分语句，刚好跟我们魔法口诀里分支结构的执行过程一样。比如在解决刚才的问题中，我们可以这样处理：仅当 $b \neq 0$ 时，执行除法；否则就不执行。

分支结构适合于带有逻辑或关系比较等条件判断的计算。解决这个问题时，小慧和小信先利用魔法棒绘制了这个题的流程图，然后根据流程图修改了原始源程序，问题就迎刃而解了！

你学会了吗？快打开软件试一下吧！

例 3-2：完善后的除法运算

定义两个整型变量 a 和 b，一个双精度浮点型 d。输入 a，b，再用 a 除以 b，将得到的值赋予 d 并输出。

输入样例：	输出样例：
3 0	除数不能为零，请重新输入！

【参考程序】

```
#include <iostream>
using namespace std;
int main()
{
    int a,b;
    double d;
    scanf("%d%d",&a,&b);
    if(b==0){
        cout<<"除数不能为零,请重新输入!";
        return 0;
    }
```

```
    d = (double)(a)/b;
    printf("%d/%d = %f\n",a,b,d);
    return 0;
}
```

【小信分析】

在顺序结构的基础上，增加了分支结构的应用，若除数为0，则输出“除数不能为零，请重新输入!”，并结束程序。

【运行结果】

```
3 0
除数不能为零,请重新输入!
```

五、练习

练习1：最大数输出

【题目描述】

输入三个整数，数与数之间以一个空格分开。输出一个整数，即最大的整数。

输入格式：

输入一行，包含三个整数，数与数之间以一个空格分开。

输出格式：

输出一行，包含一个整数，即最大的整数。

输入样例：	输出样例：
10 20 56	56

练习2：判断大小

【题目描述】

输入两个整数a，b，如果a>b，输出big；如果a<b，输出small；如果a=b，输出equal。

输入样例：

```
11 33
```

输出样例：

```
small
```

怎么样，是不是很简单？和小信一起继续学习新的内容吧！

第二节 选择方式之 if 语句

一、C++中的分支结构

分支结构主要是根据给定的条件进行判断而作出分支的一种结构，通过对判断框条件的判断，满足条件时执行一个处理框，不满足条件时执行另一个处理框。典型的分支结构流程图如图 3.2.1 所示。

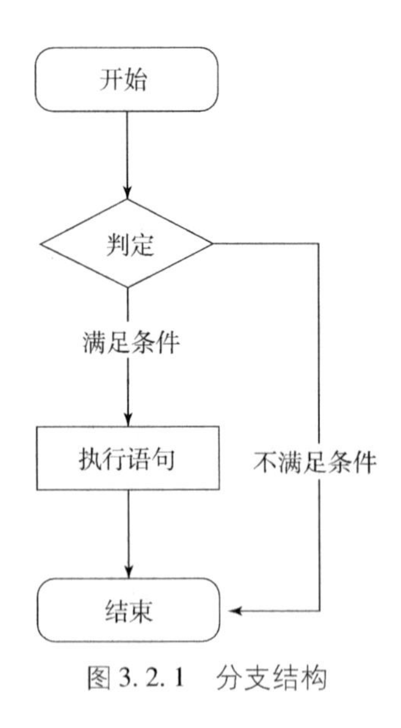

图 3.2.1 分支结构

C++提供的分支语句类型如表 3.2.1 所示。

表 3.2.1　判断语句

语句	描述
if 语句	一个 if 分支语句由一个布尔表达式后跟一个或多个语句组成
if...else 语句	一个 if 分支语句后可跟一个可选的 else 语句，else 语句在布尔表达式为假时执行
嵌套 if 语句	可以在一个 if 或 else if 分支语句内使用另一个 if 和 else if 分支语句
switch 语句	一个 switch 语句允许测试一个变量等于多个值时的情况
嵌套 switch 语句	可以在一个 switch 语句内使用另一个 switch 语句

除了以上的判断语句，C++语言还提供了一个可以用于选择功能的运算符“?:”。一些情况下可以用来替代 if...else 语句。它的一般形式如下：

```
condition? expression1:expression2
```

二、if 语句

1. 基本结构

if 语句基本结构：

```
if(条件表达式)
{
    语句1;
    ......
}
```

其中，条件表达式就是把判断条件用关系式的方式表达出来，常见为两个部分比较大小。例如：a>0，a+10<=b。

如果条件表达式的值为真，即条件成立，语句 1 及括号内的其他语句将被执行；否则，括号内的语句将被忽略，程序将按顺序执行整个分支结构之后的下一条语句。

【小信提示】

当条件表达式的取值非0时，均表示true，也就是为真；当只有取值为0时，才表示条件为假。这意味着当值为负数时，也为真。

2. 小慧的困惑

小慧在查阅魔法共享笔记本时，有一道这样的程序题：当 a 加 b 不等于零的时候，令程序输出“Hello”。他发现笔记本记录的两种解法，都能输出正确结果。他百思不得其解，聪明的你发现其中的奥秘了吗？你可以帮助解决小慧的困惑吗？

```
if(a+b)
        cout << "Hello" <<
endl;
```

```
if((a+b)!=0)
        cout << "Hello" <<
endl;
```

其实在 if 语句中，当条件表达式的取值非 0 时，均表示 true，也就是为真。只有取值为 0 时，才表示条件为假。这里需要注意的是，当值为负数时，条件表达式也为真。

在以上两种解法中，均能满足条件表达式“a + b”不等于 0，那么就执行语句，输出“Hello”。只是左边的解法没有明确表达式不等于 0 这一条件，右边则明确表示出表达式不等于 0。虽然两者结构相同，但一般说来，日常书写程序推荐右边的解法，因为它能明确表达出程序的执行思想，没有歧义，增加程序的可读性，符合良好的程序书写思路。

3. 不同形式的 if 语句

勤能补拙，小慧自学魔法的进度越来越快了，他在魔法共享笔记上发现了学长的总结：if 语句有许多衍生体，需要结合实际情况使用。

if 语句衍生体：

```
if(表达式1){
  语句组1
}
else{
  语句组2
}
```

```
if(表达式1){
  语句组1
}
else if (表达式
2){
  语句组2
}
```

```
if(表达式1){
  语句组1
}
```

小慧想慢慢探索 if 语句衍生体。当他编写程序时，发现 if 语句隐藏了这样一个秘密：当 if 语句组只有一条语句，可以省略不用大括号 {}，也可以达到一样的效果。同时，还可以没有 else if，也可以没有 else，太神奇了。比方说下面的代码，就是说当 n >4 时就输出 n，没有 else if 和 else。你发现这个秘密了吗？快编程尝试一下吧！

```
if(n>4)
    print("%d",n);
```

小慧正在开心地进行魔法训练，他的好朋友小智急匆匆地跑来求助，原来小智被一道程序题困住了。程序题是这样的：假设考试成绩大于等于60分为通过，否则为不通过。如何利用C++编程实现？

小智根据前面学习的知识，根据这道程序题逻辑，书写了解决问题的伪代码：

```
if student's grade is greater than or equal to 60
    output"Passed"
  else
    output"Failed"
```

小慧也绘制出了解决问题的流程图，如图3.2.2所示。

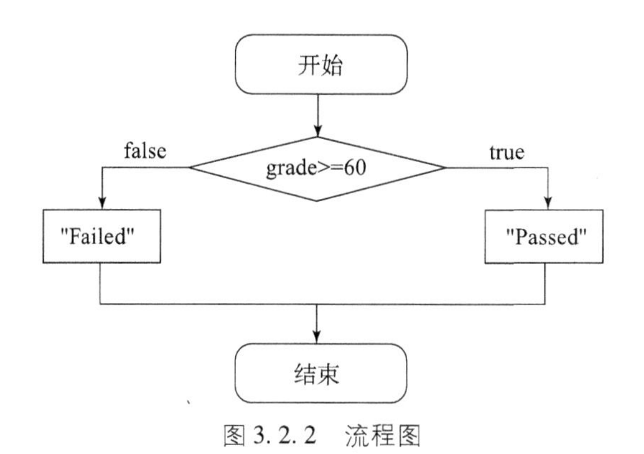

图3.2.2　流程图

他们发现解决这个问题需要判断成绩是否大于60，根据判断结果有两个执行路径，那么究竟该如何书写C++程序呢？

(1) if...else语句基本结构。

小慧和小智继续翻阅魔法书，他们发现：通过判断条件为false(0)或true(非0)时采取不同执行路径，可以使用if语句的衍生if...else语句。看到这，他们欣喜若狂，刚好可以解决这个棘手的程序问题。

if...else语句基本结构：

```
if(条件表达式)//如果条件成立
{
```

```
    语句1;//条件真时执行
}
else//否则
{
    语句2;//条件假时执行
}
```

（2）if...else的具体实现。

学习完if...else语句的结构，小智赶紧上手开始实现这个程序，并把自己的实现笔记记录了下来：第一步声明头文件，命名空间std内定义的所有标识符都有效；第二步定义主函数，在主函数里首先利用顺序结构定义变量grade（分数），输出“Input the grade:”；然后用cin读入grade；接下来执行分支结构，利用if...else语句判断是否大于60，如果是则Passed，否则Failed；最后return 0，主函数结束。

你理解小智的笔记了吗？快尝试书写一下吧！

参考程序代码如下所示：

```
#include <iostream>
using namespace std;
int main()
{
    int grade;
    cout << "Input the grade:";
    cin >> grade;
    if(grade >= 60)
        cout << "Passed" << endl;
    else
    cout << "Failed" << endl;
```

```
    return 0;
}
```

（3）if... else 语句与条件运算符。

小慧观察 if... else 语句，他发现这个语句的实现效果跟条件运算符是一样的，你们发现了吗？

其实条件运算符与 if... else 语句关系密切相关。它的语法格式为：

```
condition? expression1:expression2
```

它是 C++ 语言三元（三目）运算符，能简化 if... else 语句描述。条件运算符的执行逻辑是先求解表达式 condition，若其值为真，则将表达式 expression1 的值作为整个表达式的取值，否则将表达式 expression2 的值作为整个表达式的取值。比如下面的程序化简后，输出一个字符串，就是如果分数大于等于 60 就输出 Passed，否则就输出 Failed。下列语句是等价的。

```
cout << (grade >=60?"Passed":"Failed") <<endl;
```

```
grade >=60? cout << "Passed":cout << "Failed" <<endl;
```

（4）试试看。

通过前面的描述，大家是不是对 if... else 语句理解更进一步了，那让我们做一道程序题试试手吧！

例 3-3：判断奇偶

输入一个整数，如果是奇数，就输出“It's odd.”，如果是偶数，就输出

“It’s even.”。

输入样例：

```
3
```

输出样例：

```
It's odd.
```

【参考程序】

```
#include<iostream>
using namespace std;
int main()
{
    int n;
    scanf("%d",&n);
    if(n%2==1)
        printf("It's odd.\n");
    else
        printf("It's even.\n");
    return 0;
}
```

【分析】

这道题的代码基本上跟前面判断及格差不多。关键区别就是分支结构的判断语句的书写，在这个程序里我们使用取余运算判断一个整数是否是奇数或偶数。

【运行结果】

```
3
It's odd.
```

三、嵌套 if 语句

小慧对自己目前的学习成果非常满意，在他总结 if 语句的时候，他发现当遇到的程序问题属于“向左走向右走”这样二选一的问题时，可以使用 if...else 语句，但是如果遇到的是“十字路口”的问题，会有四个选择，这个时候该如何编写程序呢？

他忽然想到学长之前在魔法笔记本上留下的 if 衍生体笔记，赶紧去翻阅魔法书找 if...else 语句的其他详解。功夫不负有心人，终于找到啦，魔法书上这样记载：

当遇到四选一或多选一的程序问题时，可以选择使用嵌套 if 语句。在 C++

里，它是合法的，意味着可以在一个 if 或 else if 语句内使用另一个 if 或 else if 语句，有以下几种情况。

（1）适用于三选一的情况。

```
if(条件1)
{
    if(条件2)
        语句11;
//条件1和条件2都满足
    else
        语句12;
//满足条件1,不满足条件2
}
else
    语句2;//不满足条件1
```

```
if(条件1)
    语句1;//满足条件1
else
{
    if(条件2)
        语句21;
//不满足条件1,满足条件2,
    else
        语句22;
//不满足条件1,也不满足条件2
}
```

（2）适用于四选一的情况。

```
if(条件1)
{
    if(条件2)
        语句11;//满足条件1,也满足条件2
    else
        语句12;//满足条件1,不满足条件2
}
else
{
    if(条件3)
        语句21;//不满足条件1,满足条件3
    else
        语句22;//不满足条件1,也不满足条件3
}
```

例3-4：网课平台

在一个网课平台中，用户的登录名和密码都是六位数，如果用户名和密码都输入正确，则输出欢迎语句“welcome”；如果用户名错误则输出“wrong name”；

如果在用户名正确的情况下密码错误则输出“wrong password”。亲爱的同学，你知道如何编写模拟登录环节的程序吗？试一试吧！

测试所用用户名：123456，密码：654321。

输入样例：

```
123456 654321
```

输出样例：

```
welcome
```

【参考程序】

```
#include <iostream>
using namespace std;
int main()
{
    int A=123456,B=654321;
    int a,b;
    cin>>a>>b;
    if(a==A)
    {
        if(b==B)
            cout<<"welcome";
        else
            cout<<"wrong password";
    }
    else
        cout<<"wrong name";
    return 0;
}
```

【运行结果】

```
123456 654321
welcome
```

四、if 语句常见错误

小慧是魔法学院认真学习的典范，除了将以上所有的程序问题解决外，在编程过程中小慧也在魔法共享笔记本上记录了一些 if 语句使用时的常见错误，让我们跟着小慧的笔记一起去看看吧！

笔记 1：这个程序的输出有点怪。

```
int a=0;
if(a=0)
printf("hello");
```

聪明的你看出这个程序的问题了吗？小慧为什么说输出的结果有点怪呢？原来这个程序运行结果是没有输出，你知道为什么吗？

因为在 if 后面的判断语句中“=”是赋值符号，前面我们学过赋值表达式的返回值是赋值之后符号左边 a 的值，所以赋值表达式“a=0”是将 0 赋给 a 的意思，这个括号里判断语句的值是 0，条件判断结果为 false，将不会执行语句，就不会有输出。

笔记 2：这个程序有 bug，需要改进。

```
int a=0;
if(a==0)
printf("hello");
if(a=5)
printf("Hi");
```

你知道为什么小慧说这段程序需要改进吗？我们可以看一下这个程序的运行过程：第一个 if 的判断语句是在判断 a 是否等于 0。如果是，那么条件判断结果为 true，执行判断输出“hello”。第二个 if 判断，if 的括号里面是将 5 赋予 a，a 的值变为 5，不等于 0，条件判断结果为 true，输出“Hi”，最终程序输出将是“hello Hi”。原来这是两个 if 形成一个顺序结构，先后执行，依次输出。

【小信提示】

写程序的时候需要注意，如果只希望执行其中一个分支，应该使用一个if和多个else if语句，尽量不要写多个if语句，避免程序中条件相互矛盾。

从程序运行速度角度来说，写多个 if 语句时，类似于顺序结构，每个语句都需要判断执行一次，而用 else if 语句是在条件不满足的情况下执行另一个分支，程序运行效率更快。除此之外，当分支语句中的操作会影响条件判断结果时，这两种程序执行是不一样的。

```
int a=0;
if(a>=0 && a<5)
    a=8;
else if(a>=5 && a<10)
    cout<<"hello";
else if(a>=10 && a<20)
  ......
else
  ......
```

```
int a=0;
if(a>=0 && a<5)
    a=8;
if(a>=5 && a<10)
    cout<<"hello";
if(a>=10 && a<20)
  ......
if(a>=20)
  ......
```

如上面两个程序的对比，左边的程序中 a 初始化为 0，如果 a 大于等于 0 并且小于 5，就赋值为 8；如果大于等于 5 并且小于 10，就输出“hello”；……只有满足这些语句中唯一条件才会执行一次，比如进入了第一个分支，a 值为 8，那就不会进入第二个分支，也不会输出“hello”。

右边的程序执行则非常不一样，在第一个 if 语句条件判断中，如果 a 大于等于 0 并且小于 5，就赋值为 8，那么 a 赋值为 8，接下来的 if 分支语句依然会继续执行，因为这些语句是堆叠而不是并列关系，新赋值后的 a 为 8，符合第二个 if 的判断，就会输出“hello”。

五、练习

练习 1：闰年问题

【题目描述】

小慧最近学习了闰年的判断方法，1582 年以来，400 倍数的年份是闰年，不是 400 但是 100 倍数的年份不是闰年，不是 100 倍数但是 4 的倍数的年份是闰年。小慧考考你：给定任意年份判断是否为闰年。

输入格式：

一行一个正整数。

输出格式：

一个数字（如果是闰年输出 1，不是输出 0）。

输入样例：

```
2000
```

输出样例：

```
1
```

练习 2：健康问题

【题目描述】

BMI 指数是国际上常用的衡量人体胖瘦程度的一个标准，其算法是 m/h^2（$40 \leqslant m \leqslant 120$，$1.4 \leqslant h \leqslant 2.0$），其中 m 是指体重（千克），h 是指身高（米）。不同体型范围与判定结果如下：

①小于 18.5：体重过轻，输出 Underweight；

②大于等于 18.5 且小于 24：正常体重，输出 Normal；

③大于等于 24：肥胖，输出 Overweight。

现在给出体重和身高数据，需要根据 BMI 指数判断体型状态并输出对应的判断。

输入样例：

```
70 1.72
```

输出样例：

```
Normal
```

是不是很简单？聪明的你都掌握了吗？

第三节　选择方式之 switch 语句

一、switch 语句的概念

小智最近学习很努力，学完 if 语句，他赶紧把自己新鲜出炉的分支结构程序拿给小慧看，但小慧发现了这个分支结构运行过程中存在冗余问题。

```
if(n % 5 ==0){……
}
else if(n % 5 ==1){……
}
else if(n % 5 ==2){……
}
```

```
else if(n % 5 ==3){……
}
else{……}
```

代码冗余是指编程时不必要的代码段，主要分多余执行的冗余和代码数量的冗余两部分，不利于程序优化。

在小智的程序中，5 作除数取余的结果有 5 种：0，1，2，3，4。如果要用分支结构进行选择判断，if 后面的判断表达式会依次执行。也就是说，如果余数为 4，那么就会将前面“n%5 ==0”“n%5 ==1”“n%5 ==2”“n%5 ==3”四个表达式全部判断一遍，而每次执行条件判断都需要计算一次“n%5”，这样反复执行重复条件判断会浪费时间。

那有没有什么方法解决重复问题，优化小智的程序呢？小慧和小智一起查阅魔法书，终于找到了答案，原来分支结构还有另一种语句：switch 语句。在 switch 语句中允许测试一个变量等于多个值时的情况，每个值称为一个 case，且被测试的变量会对每个 switch case 进行检查，可以避免重复执行条件的问题。

switch 语句的流程图如图 3.3.1 所示。

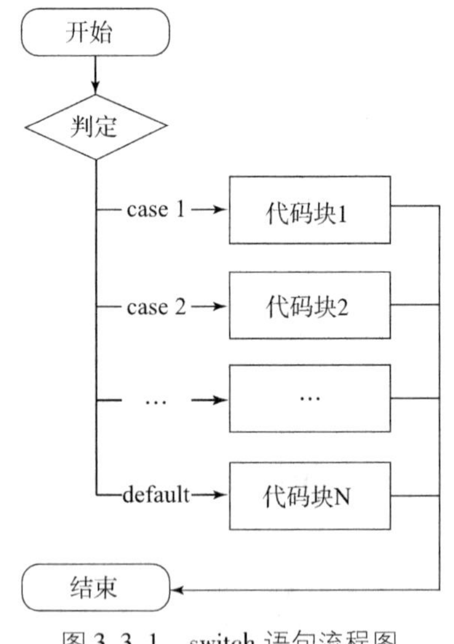

图 3.3.1 switch 语句流程图

二、switch 语句的语法

魔法书中这样记载 switch 语句的基本结构：

```
switch(表达式)
{
```

```
    case 常量表达式 1:
        语句组 1 break;
    case 常量表达式 2:
        语句组 2 break;
    case 常量表达式 n:
        语句组 n break;
    default:
        语句组 n+1;
}
```

switch 语句的执行流程是从 case 第一个常量表达式开始判断，不匹配则跳到下一个继续判断；遇到 break 则跳出 switch 语句；如果 case 一直不匹配则执行 default 内的语句组，或者一直未遇到 break 语句，也会执行 default 内的语句组，所以它一般是放在 switch 语句末尾。

case语句后的“常量表达式”里面能包含变量吗？

小慧和小智很快发现了 switch 语句和 if... else 语句的区别与联系：switch 语句只能判断同一个表达式的不同取值，而 if... else 语句的每个分支语句都可以写自己的条件。不难看出，switch 语句可以看成一种特殊的 if... else 语句，default 分支相当于最后的 else 分支。

三、switch 语句的限制规则

魔法书里记载：switch 语句也不是随意使用的哦，必须遵循下面的规则。

（1）switch 语句中的表达式必须是一个整型、枚举类型或者是一个 class 类型。其中 class 有一个单一的转换函数将其转换为整型或枚举类型。

（2）在一个 switch 语句中可以有任意数量的 case 语句，每个 case 语句后都要记得添加常量表达式和冒号。

（3）case 的常量表达式必须与 switch 中的变量具有相同的数据类型，且必须是一个常量或字面量。

（4）当表达式的值与某一个 case 后面的常量表达式值相等时，就执行此 case 后面的语句。若所有 case 中的常量表达式值都没有与表达式值匹配，就执行 default 后面的语句。

（5）各个 case（包括 default）的出现次序可以任意。在每个 case 分支都带有 break 的情况下，case 次序不影响执行结果。

（6）不是每一个 case 都需要包含 break，如果 case 后不包含 break，控制流将会继续后续的 case，直到遇到 break 为止。

（7）一个 switch 可以有一个可选的 default case，出现在 switch 的结尾，default 可用于在上面所有 case 都不为真时执行，同时 default case 中的 break 不是必需的。

四、switch 变戏法

小慧弄明白了 switch 的语法和限制规则，想到了一个好玩的事情，他可以变戏法，将星期几的数字转化为周几的英文单词，聪明的你会吗？快来试试吧！

例 3－5：将星期的数字转化成单词

将星期几的数字以整型输入。假设输入 1，则输出周一的英文单词“Monday”；输入 2，则输出周二的英文单词“Tuesday”；……以此类推输入 7，则输出“Sunday”；输入其他数，则输出“Illegal”。

输入样例：	输出样例：
2	Tuesday

快来将你书写的源程序与参考程序对照一下吧！

【核心代码】

```
switch(input)
{
    case 1:
        cout << "Monday";break;
```

```
    case 2:
        cout << "Tuesday";break;
    case 3:
        cout << "Wednesday";break;
    case 4:
        cout << "Thursday";break;
    case 5:
        cout << "Friday";break;
    case 6:
        cout << "Saturday";break;
    case 7:
        cout << "Sunday";break;
    default:
        cout << "Illegal";
}
```

【分析】

（1）我们在这个程序中使用 switch 语句，变量表达式里即为输入的整型值，case 常量即为 1，2，3，4，5，6，7 等数字。

（2）要注意一定要使用 break 跳出当前语句，否则会一直执行下去，直到结束。

【运行结果】

```
2
Tuesday
```

不甘示弱的小智也想用 switch 语句书写一个变戏法程序。魔法学院每周都有周测，周测结果分别是“A”“B”“C”三个等级。他想写一段程序实现对输入等级的判定，输入“A”和“B”的等级，程序输出 Pass，输入“C”的等级，程序输出 Fail。

```
#include <iostream>
using namespace std;
int main()
{
```

```
    char ch;
    cin >> ch;
    switch(ch){
        case 'A':
        case 'B':
        case 'C':
            cout << "Pass" << endl;
        break;
    }
    return 0;
}
```

小智欣喜若狂地把自己的变戏法程序拿给小慧看，但是在执行时无论输入哪个等级，程序最终输出结果都是 Pass，究竟是哪里出问题了呢？

跟前面的程序实例做对比后，终于发现了问题的所在：在小智的变戏法程序中“case'A'”后面没加 break，那么输入 A 就会从该语句一直执行到“case'C'”，然后执行“cout << "Pass" << endl”，最终就会输出 Pass。程序中三行 case 代码共用一个语句组“cout << "Pass" << endl;break;”，所以无论输入哪个等级，最终输出结果均为 Pass。

聪明的你帮助小智改进一下这个程序吧！

五、嵌套 switch 语句

1. switch 语句嵌套 if 语句

当小智和小慧正在为自己的变戏法程序沾沾自喜时，小信已经可以用 switch 语句书写四则运算计算器，但是小信的程序跟之前的 switch 语句有一点不一样。

小慧发现小信的程序可以进行加减乘除运算，小信在程序中首先定义了一个字符型变量 op 和三个双精度浮点型变量 x，y，r；op 作为 switch 的变量，当输入

op时，变量x和y可以进行相应的运算。当op为“+”时，执行x+y赋值给r；op为“-”时，执行x-y赋值给r；op为“*”时，执行x*y赋值给r；但是在op为“/”时，case语句里还有一个if语句对y进行判断，如果y不等于0，就执行x/y赋值给r。

```
#include <stdio.h>
int main()
{
    char op;
    double x,y,r;
    cin >> op >> x >> y;
    switch(op)
    {
        case'+':r=x+y;break;
        case'-':r=x-y;break;
        case'*':r=x*y;break;
        case'/':
            if(y!=0)//除数不可以为0
            {
                r=x/y;
                break;
            }
        default:
           cout << "invalid expression" << x << op << y;
            return1;
    }
        cout << x << op << y << r;
    return 0;
}
```

输入样例：	输出样例：
+1 2	1+2=3

小慧和小智恍然大悟，纷纷为小信点赞，原来switch结构里嵌套（包括）了if结构，可以确保整个程序的运行结果更精确。你也来试试小信的程序吧！

2. switch 语句嵌套 switch 语句

既然 switch 语句可以嵌套 if 语句，善于思考的小慧就提出问题：switch 语句内可以嵌套另一个 switch 语句吗？

嵌套时，内部和外部switch的case常量包含共同的值，程序在执行中会产生矛盾吗？

三个好朋友说干就干，他们就用简单的局部变量 a 和 b 来验证，写下了这段程序：

```
#include <iostream>
using namespace std;
int main()
{
    //局部变量声明
    int a =100;
    int b =200;
    switch(a){
        case 100:
            cout << "这是外部 switch 的一部分" << endl;
            switch(b){
            case 200:
                cout << "这是内部 switch 的一部分" << endl;
            }
    }
    cout << "a 的准确值是" << a << endl;
    cout << "b 的准确值是" << b << endl;
    return 0;
}
```

程序运行结果正常，原来 C++ 中的 switch 语句允许至少 256 个嵌套层次，可以把一个 switch 作为一个外部 switch 的语句序列的一部分，即使内部和外部

switch 的 case 常量包含共同的值，也没有矛盾。

【运行结果】

```
这是外部 switch 的一部分
这是内部 switch 的一部分
a 的准确值是 100
b 的准确值是 200
```

六、练习

练习 1：月份天数

【题目描述】

输入年份和月份，输出这一年的这一月有多少天。需要考虑闰年。

输入格式：

一行两个数字：年份和月份。

输出格式：

一行一个正整数。

输入样例：

```
1926 8
```

输出样例：

```
31
```

练习 2：晶晶赴约会

【题目描述】

晶晶的朋友贝贝约晶晶下周一起去看展览，但晶晶每周的一、三、五有课，必须上课，请帮晶晶判断她能否接受贝贝的邀请，如果能输出 YES；如果不能则输出 NO。注意 YES 和 NO 都是大写字母！

输入格式：

输入一行，贝贝邀请晶晶去看展览的日期，用数字 1 到 7 表示从星期一到星期日。

输出格式：

输出一行，如果晶晶可以接受贝贝的邀请，输出 YES；否则，输出 NO。注意 YES 和 NO 都是大写字母！

输入样例：

```
2
```

输出样例：

```
YES
```

第四节 分支结构综合实战

1. 肥胖问题

【题目描述】

BMI 指数是国际上常用的衡量人体胖瘦程度的一个标准，其算法是 m/h^2（$40\leqslant m\leqslant 120$，$1.4\leqslant h\leqslant 2.0$），其中 m 是指体重（千克），h 是指身高（米）。不同体型范围与判定结果如下：

①小于 18.5：体重过轻，输出 Underweight；

②大于等于 18.5 且小于 24：正常体重，输出 Normal；

③大于等于 24：肥胖，不仅要输出 BMI 值（使用 cout 的默认精度），然后换行，还要输出 Overweight。

现在给出体重和身高数据，需要根据 BMI 指数判断体型状态并输出对应的判断。

输入样例：

```
70 1.72
```

输出样例：

```
Normal
```

2. 三角函数

【题目描述】

输入一组勾股数 a，b，c（$a\leqslant b\leqslant c$），用分数格式输出其较小锐角的正弦值。(要求约分)

输入格式：

一行，包含三个正整数，即勾股数 a，b，c（无大小顺序）。

输出格式：

一行，包含一个分数，即较小锐角的正弦值。

输入样例：

```
3 5 4
```

输出样例：

```
3/5
```

【说明】

数据保证 a，b，c 为正整数且 in$[1,10^9]$。

3. 三角形分类

【题目描述】

给出三条线段 a，b，c 的长度，均是不大于 10 000 的整数。打算把这三条线段拼成一个三角形，它可以是什么三角形呢？

如果三条线段不能组成一个三角形，输出 Not Triangle；

如果是直角三角形，输出 Right Triangle；

如果是锐角三角形，输出 Acute Triangle；

如果是钝角三角形，输出 Obtuse Triangle；

如果是等腰三角形，输出 Isosceles Triangle；

如果是等边三角形，输出 Equilateral Triangle。

如果这个三角形符合以上多个条件，请按以上顺序分别输出，并用换行符隔开。

输入样例：	输出样例：
3 4 5	Right Triangle

4. 买铅笔

【题目描述】

老师需要去商店买 n 支铅笔作为小朋友们参加科技活动的礼物。老师发现商店一共有 3 种包装的铅笔，不同包装内的铅笔数量有可能不同，价格也有可能不同。为了公平起见，老师决定只买同一种包装的铅笔。

商店不允许将铅笔的包装拆开，因此老师可能需要购买超过 n 支铅笔才够给小朋友们发礼物。

现在老师想知道，在商店每种包装的数量都足够的情况下，要买够至少 n 支铅笔最少需要花费多少钱。

输入格式：

第一行包含一个正整数 n，表示需要的铅笔数量。接下来三行，每行用 2 个正整数描述一种包装的铅笔：其中第 1 个整数表示这种包装内铅笔的数量，第 2 个整数表示这种包装的价格。

保证所有的 7 个数都是不超过 10 000 的正整数。

输出格式：

1 个整数，表示老师最少需要花费的钱。

输入样例：

```
57
2 2
50 30
30 27
```

输出样例：

```
54
```

5. 点和正方形的关系

【题目描述】

有一个正方形，四个角的坐标（x，y）分别是（1，-1），（1，1），（-1，-1），（-1，1），x 是横轴，y 是纵轴。写一个程序，判断一个给定的点是否在这个正方形内（包括正方形边界）。如果点在正方形内，则输出 yes，否则输出 no。

输入格式：

输入一行，包括两个整数 x，y，以一个空格分开，表示坐标（x，y）。

输出格式：

输出一行，如果点在正方形内，则输出 yes，否则输出 no。

输入样例：

```
1 1
```

输出样例：

```
yes
```

恭喜你，又成功闯过一关！

第四章

转圈圈——循环结构

第一节　转圈圈之 while 循环

一、高斯求和

德国著名数学家、物理学家、天文学家、大地测量学家约翰·卡尔·弗里德里希·高斯在小学二年级的时候就可以通过首尾相加的简便方法算出 1 到 100 的和。

用数学的方法如何计算 1 到 100 的和呢?

高斯求和的方法如图 4.1.1 所示。

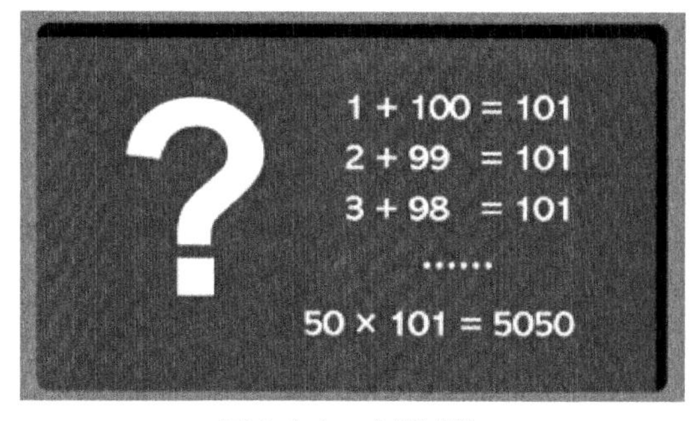

图 4.1.1　高斯求和

这个方法非常简单，可以用公式：和 =（首项 + 末项）× 项数/2 表示。

是不是很简单？让我们来看看通过编程的方法如何来解决这个问题。

【分析】

如果让计算机模拟计算整数 1 到 100 的和，该怎么做呢？我们可以采用之前学习过的顺序结构，用代码模拟 100 次加法，就可以得到结果。例如：

```
int sum =0;
sum +=1;
sum +=2;
sum +=3;
.............
sum +=99;
sum +=100;
```

按照上面的方法，如果我们想要得到 1 到 1 000 的和、1 到 10 000 的和呢？显然此方法是行不通的，我们需要进行的重复（或类似）操作往往不止 100 这么小。

有没有什么办法能够让计算机自己去重复相似的操作呢？

【小信提醒】

利用循环结构中的几行代码就可以轻松地帮助我们完成繁重的计算任务，从而解决这一问题。

【参考程序】

```
#include <iostream>
using namespace std;
int main()
{
    int sum = 0;
    int i = 1;
    while(i <= 100) //循环体中的程序执行 100 次
    {
        sum += i;
        i ++;
    }
    cout << sum << endl;
    return 0;
}
```

当上面的代码被编译和执行时，它会产生以下结果：

```
5050
```

通过以上案例，想必大家也大致了解了什么是循环结构。接下来，我们将进行详细的介绍！

二、一般循环流程

一般情况下，语句是顺序执行的：函数中的第一个语句先执行，接着是第二个语句，依此类推。然而有时需要多次执行同一块代码，编程语言就为我们提供了允许更为复杂执行路径的多种控制结构。

在循环结构中，循环语句允许我们多次执行一个语句或语句组。下面是大多数编程语言中循环语句的一般形式，如图 4.1.2 所示。

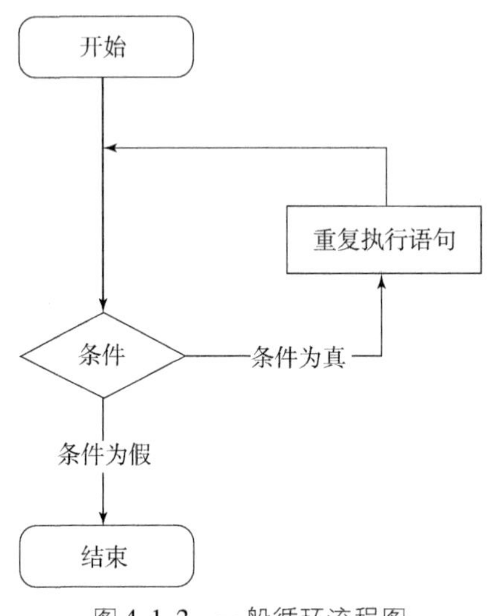

图 4.1.2 一般循环流程图

【小智总结】

从上面的流程图可以看出，循环操作最重要的条件是：终止条件。终止条件控制着循环是否继续进行。

三、循环类型

C++ 编程语言提供的几种循环类型如表 4.1.1 所示。

表 4.1.1 循环类型

循环类型	描述
while 循环	当给定条件为真时，重复语句或语句组 （它会在执行循环主体之前测试条件）
for 循环	多次执行一个语句序列，简化管理循环变量的代码

续表

循环类型	描述
do...while 循环	除了它是在循环主体结尾测试条件外，其他与 while 语句类似
嵌套循环	可以在 while，for 或 do...while 循环内使用一个或多个循环

三种循环语句for，while，do...while可以互相嵌套自由组合。但要注意的是，各循环必须完整，相互之间绝不允许交叉。

四、while 循环语句

1. 语法

while 语法如下所示：

```
while(条件)      //循环头
{
    语句            //循环体
}
```

只要给定的条件为真（符合条件）时，while 循环语句就会重复执行一个目标语句；当条件为假（不符合条件）时，程序将执行循环的下一条语句。

条件可以是任意的表达式，当为任意非零值时都为真。“语句”可以是一个单独的语句，也可以是几个语句组成的代码块。

```
while(i <=100)
   {
```

```
        sum += i;
        i ++ ;
    }
```

上述代码中，条件为判断 i 是否小于等于 100。只要 i≤100，while 循环语句就会重复执行“sum += i;”“i ++ ;”这两条语句。

使用 while 循环语句的执行步骤：

（1）判断“表达式”是否为真，如果条件为假，则转入（4）。

（2）执行“语句组”。

（3）转（1）。

（4）while 语句结束，继续执行 while 循环语句后面的语句。

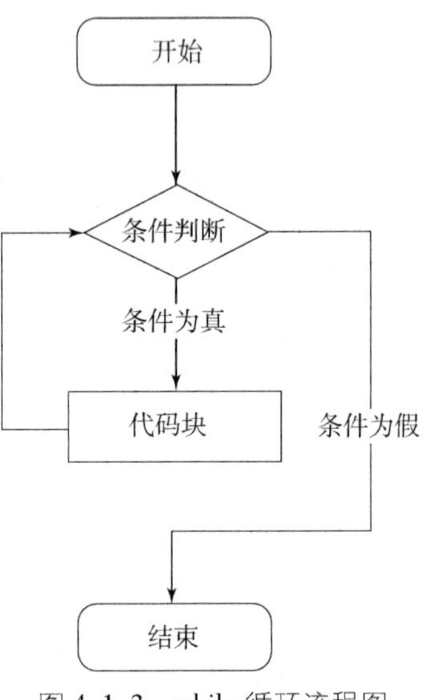

图 4. 1. 3　while 循环流程图

2. 流程图

while 循环流程图如图 4. 1. 3 所示。

3. 常见编程错误

为了能更好地使用循环语句，我们还需要了解在实际编程中容易出现的错误。

在 while 循环体中，既没有使循环条件变为假的情况，比如赋值或读入数据，也没有满足条件的 break 或 goto 语句，将导致死循环。例如下面这个样例：

```
while(3)     //常见编程错误
{
    ......
}
```

【分析】

在上述示例中，while(3) 的意思是：当 3 为真，程序将执行循环体。

同学们学习了前面的程序编写知识，应该知道，在计算机中，只要一个数不是零，那它就一定为真，这是不会改变的事实。所以，如果程序中没有 break 和 goto 语句，这个循环就会一直执行下去，程序也不会结束。

例 4－1：猜数字游戏

【题目描述】

猜数字游戏是先随机产生一个 100 以内的正整数，然后用户输入一个数对其进行猜测。需要编写程序自动对其与输入数进行比较，并提示大了（Too big），还是小了（Too small），相等则表示猜到了（Good guess）。如果猜到，则游戏结束。

输入样例：（假设随机数字为20）	输出样例：
13	Too small
21	Too big
20	Good guess

【参考程序】

```
#include <iostream>
#include <stdlib.h> //运用 rand()函数的头文件
using namespace std;
int main()
{
    int n,a; //n 为产生的随机数,a 为输入的数字
    n = rand()%100 +1; //rand()函数为产生随机数函数
    cin >> a; //输入数字 a
    while(a!=n) //判断 a 是否与 n 相等
    {
        if(a<n)
        {
            cout << "Too small" << endl;
        }
        if(a>n)
        {
            cout << "Too big" << endl;
        }
        cin >> a;
    }
    if(a==n)
    {
            cout << "Good guess" << endl;
    }
```

```
    return 0;
}
```

【运行结果】

```
50
Too big
40
Too small
42
Good guess
```

此次产生的随机数为42，所以在猜数过程中产生以上结果。

例4-2：最大值、最小值及和

【题目描述】

输入若干个（至少1个）不超过100的正整数，输出其中的最大值、最小值以及所有数的和。输入的最后一个数是0，标志着输入结束。

输入样例：

```
2 4 7 0
```

输出样例：

```
7 2 13
```

【参考程序】

```
#include <iostream>
using namespace std;
int main()
{
    int n,sum=0,maxN=0,minN=200;
    cin >> n;
    while(n){
        if(n >maxN)maxN=n;
        if(n <minN)minN=n;
        sum +=n;
        cin >> n;
    }
    cout << maxN << " " << minN << " " << sum;
    return 0;
```

```
}
```

【分析】

(1) maxN 记录最大值，minN 记录最小值，将最大值初始值设为 0，最小值初始值设为 200，之后进行更新。

(2) n 不等于 0 时表达式为真，否则为假。n >0 时，执行 while 循环里的语句组。

(3) 在 while 循环里更新 maxN 和 MinN。

(4) 每读入一个正整数 n，就将其累加到 sum。

(5) 每读完一个正整数 n，就对下一个正整数进行处理，读入下一个正整数。

(6) 读完一个正整数就回到 while 循环开始执行新一次循环，若此时 n =0 则跳出循环。

【运行结果】

```
2 4 7 0
7 2 13
```

五、练习

练习 1：人口增长

【题目描述】

我国现有 x 亿人口，按照每年 0.1% 的增长速度，n 年后将有多少人？（保留小数点后 2 位）

输入格式：

一行，包含两个整数 x 和 n，分别是人口基数和年数，以单个空格分隔。

输出格式：

输出最后的人口数，以亿为单位，保留到小数点后 2 位。$1 \leqslant x \leqslant 100$，$1 \leqslant n \leqslant 100$。

输入样例：（无）

```
13 10
```

输出样例：

```
13.13
```

练习 2：级数求和

【题目描述】

已知：Sn =1 +1/2 +1/3 + … +1/n。显然对于任意一个整数 k，当 n 足够大的时候，Sn > k。现给出一个整数 k，要求计算出一个最小的 n，使得 Sn > k。

输入格式：
一个正整数 k。
输出格式：
一个正整数 n。

输入样例：	输出样例：
1	2

让我们一起继续感受循环结构的魅力吧！

第二节 转圈圈之 for 循环

一、韩信点兵

在中国数学史上，广泛流传着一个“韩信点兵”的故事：韩信是汉高祖刘邦手下的大将，他英勇善战，智谋超群，为建立汉朝立下了汗马功劳。据说韩信的数学水平也非常高超，他在点兵的时候，为了知道有多少兵，同时又能保住军事机密，便让士兵排队报数：

按从 1 至 5 报数，记下最末一个士兵报的数为 1；
再按从 1 至 6 报数，记下最末一个士兵报的数为 5；
再按从 1 至 7 报数，记下最末一个士兵报的数为 4；
最后按从 1 至 11 报数，最末一个士兵报的数为 10。
根据士兵的报数情况，韩信就可以算出士兵的人数（假设人数在 3 000 以内）。
【分析】
如果将士兵的总人数设成 X，根据题目要求我们可以得到以下关系：
X 除以 5 的余数为 1；
X 除以 6 的余数为 5；
X 除以 7 的余数为 4；
X 除以 11 的余数为 10。

你能不能利用所学的数学知识
想想这题的解法？

分析到这里，我们发现，如果想要解出这道题需要进行多次猜解，计算起来会很麻烦。而计算机的一个优势就是计算速度，如何通过编程的办法让计算机自己算出来呢？

【小信分析】

因为计算机的计算速度非常快，所以我们可以考虑用穷举法的方式来解题。将所有人数的情况一一列举出来。

```
#include <iostream>
using namespace std;
int main()
{
    int i;
    for(i =1;i <=3000;i ++)//人数从 1 增加到 3000
    {
        if(i%5 ==1 && i%6 =5 && i%7 ==4 && i%11 ==10)//判断是否满足所分析出的条件,"%"是取余的意思,"&&"是且的意思;
            {
                cout << i << endl;
            }
return 0;
    }
}
```

当上面的代码被编译和执行时，它会产生以下结果:

```
2111
```

二、i ++ 和 ++ i

i ++ 是后缀递增的意思， ++ i 是前缀递增的意思。i ++ 是先进行表达式运算，再进行自增运算。把 i ++ 的运算过程拆分开，等效于 i = i + 1，运算结果是一致的。

```
x =i ++;//先让 x 变成 i 的值,再让 i 加 1
```

++ i 是先进行自增，再进行表达式运算。从运算结果可以发现，仅从 i 的值来看， ++ i 和 i ++ 最终的 i 值是一样的，都是 i 自增加了 1。

```
x = ++i;//先让 i 加 1,再让 x 变成 i 的值
```

三、for 循环语句

1. 语法

与 while 循环语句类似，for 循环语句也有自己的固定结构。

```
for(表达式 1;表达式 2;表达式 3)
```

```
{
    语句;
}
```

for循环语句中的三个表达式可部分或全部省略，但两个分号绝对不能省略!

语法中各个部分的基本用处：

（1）表达式 1 通常会声明变量，给变量赋值。

（2）表达式 2 通常会写出判断条件，判断结果为真，则会执行循环内的语句。

（3）语句会写出需要重复执行的相似的操作。

（4）表达式 3 通常会将第一步声明或赋值的变量进行改变，从而靠近循环结束的条件。

例如以下程序：

```
for(i =1;i <=3000;i ++)//人数从 1 增加到 3000
{
    if(i%5 ==1 && i%6 ==5 && i%7 ==4 && i%11 ==10)
    {
        cout << i << endl;
    }
}
```

上述代码中，第一次循环时 i=1，先执行循环里的 if 语句进行判断，接着要先将 i 的值增加 1（此时 i=1），然后再去比较 i 是否满足 i<=3000 这一条件。若满足，则继续执行循环中的 if 语句，否则退出 for（i=1；i<=3000；i++）循环。

第 1 次循环时 i=1；第 2 次循环时 i=2；……第 3000 次循环时 i=3000；当 i=3001 时，不再满足 i<=3000 这一条件，因此退出循环。

2. 流程图

for 循环语句能够让计算机自己去重复相似的操作，一般的 for 循环流程图如图 4.2.1 所示。

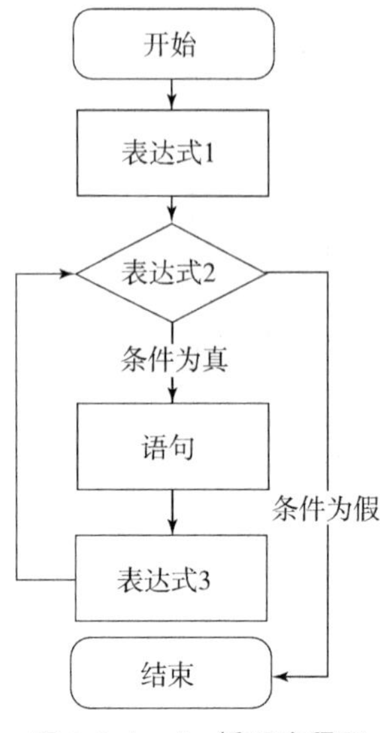

图 4.2.1 for 循环流程图

3. 分析

for 循环语句的控制流如下：

（1）表达式 1 首先被执行，且只会执行一次。这一步允许声明并初始化任何循环控制变量。也可以不在这里写任何语句，只要有一个分号出现即可。

（2）接下来判断表达式 2。如果为真，则执行循环主体；如果为假，则不执行循环主体，且控制流会跳转到紧接着 for 循环语句的下一条语句。

（3）在执行完 for 循环语句主体后，控制流会跳回上面的表达式 2 语句。该语句允许更新循环控制变量。该语句可以留空，只要在条件后有一个分号出现即可。

（4）条件再次被判断。如果为真，则执行循环，这个过程会不断重复（先循环主体，再增加步值，然后重新判断条件）；在条件为假时，for 循环终止。

例 4－3：求整数 1 到 n 的和

【题目描述】

编写程序，输入一个正整数 n，使用 for 循环语句实现求 1 到 n 的和。

输入样例：

```
100
```

输出样例：

```
5050
```

【参考程序】

```
#include <iostream>
```

```
using namespace std;
int main()
{
    int n,sum=0;
    cin>>n;
    for(int i=1;i<n+1;i++)//循环 n 次
    {
        sum+=i;
    }
    cout<<sum;
    return 0;
}
```

【小信分析】

（1）定义变量n来接收输入的数，定义变量sum存储加法的结果。

（2）一共循环n次。

（3）利用i来实现从1到n的和。

【运行结果】

```
100
5050
```

例 4-4：连续输出 26 个英文字母

【题目描述】

表 4.2.1 可以看到第一章讲解过的 ASCII 码，它包含了所有的英文字母以及数字和常用符号，非常简洁方便。

表 4.2.1 ASCII 码

ASCII 打印字符											
十进制	字符	十进制	字符	十进制	字符	十进制	字符	十进制	字符	十进制	字符
32		48	0	64	@	80	P	96	、	112	p
33	!	49	1	65	A	81	Q	97	a	113	q
34	"	50	2	66	B	82	R	98	b	114	r
35	#	51	3	67	C	83	S	99	c	115	s
36	$	52	4	68	D	84	T	100	d	116	t
37	%	53	5	69	E	85	U	101	e	117	u
38	&	54	6	70	F	86	V	102	f	118	v
39	‘	55	7	71	G	87	W	103	g	119	w
40	(	56	8	72	H	88	X	104	h	120	x
41	)	57	9	73	I	89	Y	105	i	121	y
42	*	58	:	74	J	90	Z	106	j	122	z
43	+	59	;	75	K	91	[	107	k	123	{
44	,	60	<	76	L	92	\	108	l	124	|
45	-	61	=	77	M	93	]	109	m	125	}
46	.	62	>	78	N	94	^	110	n	126	~
47	/	63	?	79	O	95	_	111	o	127	DEL

编程利用 ASCII 码表和 for 循环语句实现连续输出 26 个英文字母。

输入样例：(无)

输出样例：

```
abcdefghijklmnopqrstuvwxyz
```

【参考程序】

```
#include <iostream>
using namespace std;
int main()
{
    int i;
    for(i=0;i<26; ++i)
    {
```

```
        cout << char('a'+i);
        //'a'+i 强制转换成 char 类型
    }
    return 0;
}
```

【小信分析】

（1）输出26个英文字母，因此一共需要循环26次。
（2）使用强制类型转换输出英文字母。

【运行结果】

```
abcdefghijklmnopqrstuvwxyz
```

学完基础知识，让我们一起来实战一下吧！

四、练习

练习1：找最小值

【题目描述】

给出 n（n≤100）和 n 个整数 k（0≤k≤1 000），求 n 个整数中的最小值。

输入样例：

```
8
1 9 2 6 0 8 1 7
```

输出样例：

```
0
```

练习2：小鱼的航程

【题目描述】

有一只小鱼，它平日每天游泳 250 千米，周末休息（实行双休日），假设从周 x（$1 \leqslant x \leqslant 7$）开始算起，过了 n（$n \leqslant 10^6$）天后，小鱼一共累计游泳了多少千米呢？

输入格式：

输入两个整数 x，n（表示从周 x 算起，经过 n 天）。

输出格式：

输出一个整数，表示小鱼累计游泳了多少千米。

输入样例：

```
3 10
```

输出样例：

```
2000
```

你的程序都运行成功了吗？

第三节 转圈圈之 do. . . while 循环

一、一尺之棰

《庄子》中提到，“一尺之棰，日取其半，万世不竭”。现在我们面前有一根长度为 100 米的木棍，从第二天开始，每天都要将这根木棍锯掉一半（每次除 2，向下取整）。那么，到第几天木棍长度会变为 1 米？

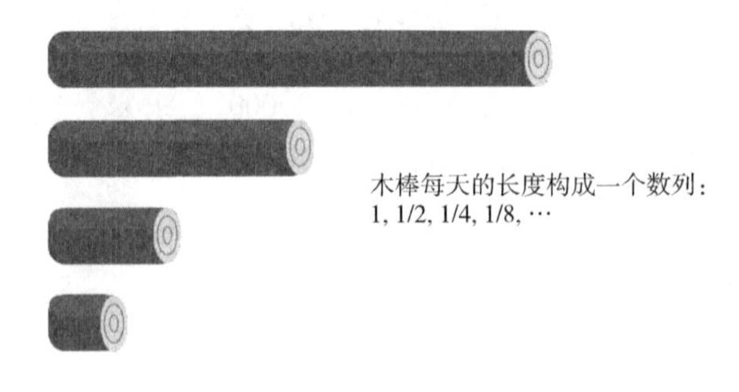

请你利用所学的数学知识想一想这道题的解法。

【分析】

第一天：长度为 100 米；

第二天：长度减半，为 100/2 = 50（米）；

第三天：长度再次减半，为 50/2 = 25（米）；

第四天：长度继续减半，为 25/2 = 12.5（米）（向下取整后为 12）；

……

在此过程中需要我们先锯掉一半再去判断是否变为 1。

通过上面的思路，我们可以用程序实现为：

```
#include <iostream>
using namespace std;
int main()
{
    int flag =1;                //表示天数(第一天没有锯木头,所以初始为1)
    int len =100;               //表示木头的长度
    do
    {                            //先执行一次 do 循环中的语句
        len = floor(len/2);
        flag +=1;
    }while(len >1);             //判断长度是否大于1
    cout << "第" << flag << "天" << endl;
    return 0;
}
```

该程序不像 for 和 while 循环语句，for 和 while 循环语句是在循环头部测试循环条件，而 do... while 循环语句是在循环的尾部检查它的条件。

do... while 循环语句与 while 循环语句类似，但是 do... while 循环语句会确保至少执行一次循环。

当上面的程序代码被编译和执行时，它会产生以下结果：

```
第 7 天
```

二、do... while 循环语句

1. 语法

如果希望循环至少执行一次，可以使用 do... while 循环语句。do... while 循环语句的语法如下：

```
do
{
    语句;
}while(条件表达式);
```

请注意，条件表达式出现在循环的尾部，所以循环中的语句组会在条件被测试之前至少执行一次。如果条件为真，控制流会跳转回上面的 do，然后重新执行循环中的语句组。这个过程会不断重复，直到给定条件变为假为止。

【小信提示】

在语法表达中，while循环语句后面需要用分号表示语句结束。

2. 流程图

do... while 循环流程图如图 4.3.1 所示。

例 4－5：连续输出 10 个@

编程利用 do... while 循环语句实现：输出一行 10 个@。

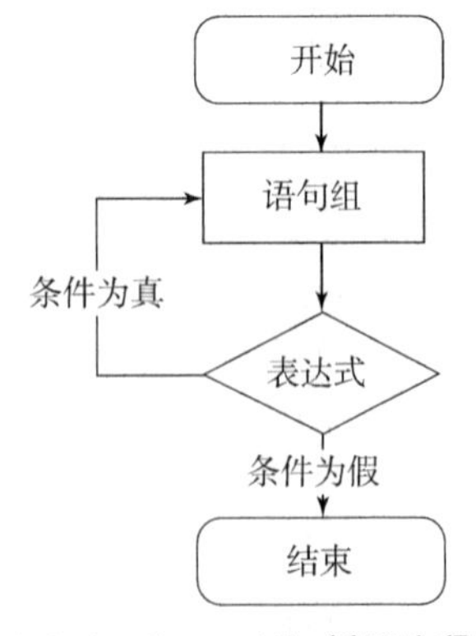

图 4.3.1　do... while 循环流程图

输入样例：（无）

输出样例：

```
@@@@@@@@@@
```

【参考程序】

```
#include <iostream>
using namespace std;
int main()
{
    int i=1;
    do{
        cout<<"@ ";
        i++;
    }while(i<=10);
    return 0;
}
```

【分析】

（1）需要在 do 语句之前声明一个控制条件的变量 i，并赋值为 1。

（2）值得注意的是，这里 i = 10 的时候也符合条件，因为变量是 i 从 1 开始增加。

【运行结果】

```
@ @ @ @ @ @ @ @ @ @
```

例 4－6：输入若干整数，以 0 结尾，统计其有多少个正数

用 do...while 循环语句实现：输入若干整数，以 0 结尾，统计共有多少个正数。

输入样例：

```
3 6 -3 2 0
```

输出样例：

```
3
```

【参考程序】

```
#include <iostream>
using namespace std;
int main()
{
    int x,i=0;
```

```
    do{
        cin >> x;
        if(x >0)i ++;
    }while(x!=0);
    cout << i << endl;
    return 0;
}
```

【运行结果】

```
3 6 -3 2 0
3
```

三、练习

练习 1：小信游泳

【题目描述】

小信开心地在游泳，可是小信很快难过地发现，自己的力气不够，游泳好累哦。已知小信第一步能游 2 米，可是随着越来越累，力气越来越小，小信接下来的每一步都只能游出上一步距离的 98%。现在小信想知道，如果要游到距离 x 米的地方，小信需要游多少步呢。请你编程解决这个问题。

输入格式：

输入一个数字（不一定是整数，小于 100 米），表示要游的目标距离。

输出格式：

输出一个整数，表示小信一共需要游多少步。

输入样例：

```
4.3
```

输出样例：

```
3
```

练习 2：药房管理

【题目描述】

随着信息技术的蓬勃发展，医疗信息化已经成为医院建设中必不可少的一部分。计算机可以很好地辅助医院管理医生信息、病人信息、药品信息等海量数据，使工作人员能够从这些机械的工作中解放出来，将更多精力投入真正的医疗过程中，从而极大地提高了医院整体的工作效率。

对药品的管理是其中的一项重要内容。现在药房的管理员希望使用计算机来帮助他管理。假设对于任意一种药品，每天开始工作时的库存总量已知，并且一天之内不会通过进货的方式增加。每天会有很多病人前来取药，每个病人希望取走不同数量的药品。如果病人需要的数量超过了当时的库存量，药房会拒绝该病人的请求。管理员希望知道每天会有多少病人没有取上药。

输入格式：

共3行，第一行是每天开始时的药品总量m。

第二行是这一天取药的人数n（$0<n\leq100$）。

第三行共有n个数，分别记录了每个病人希望取走的药品数量（按照时间先后的顺序）。

输出格式：

只有1行，为这一天没有取上药品的人数。

输入样例：

```
30
6
10 5 20 6 7 8
```

输出样例：

```
2
```

是不是发现编程可以帮助我们解决很多生活中的实际问题呢？

第四节　多重圈圈之循环嵌套

一、百鸡问题

我国古代数学家张丘建在《张丘建算经》一书中曾提出过著名的“百钱买百鸡”问题，该问题叙述如下：公鸡一只五块钱，母鸡一只三块钱，小鸡三只一块钱，现在要用一百块钱买一百只鸡，问公鸡、母鸡、小鸡各多少只？

请你利用所学的数学知识想一想这道题的解法。

【分析】

如果用数学的方法解决百钱买百鸡问题，可将该问题抽象成方程组。设公鸡 x 只，母鸡 y 只，小鸡 z 只，得到以下方程式组：

A：$5x+3y+1/3z=100$

B：$x+y+z=100$

C：$0\leqslant x\leqslant 100$

D：$0\leqslant y\leqslant 100$

E：$0\leqslant z\leqslant 100$

如果用解方程的方法解这道题需要进行多次猜解，计算起来十分麻烦。有没有什么办法能够通过编程让计算机自己算出来呢？

【小信分析】

因为计算机的运算速度非常快，所以我们可以用穷举法来解题。将所有的情况都列举出来，输出符合要求的公鸡、母鸡、小鸡数量。

【参考程序】

```
#include <iostream>
```

```
using namespace std;
int main()
{
    int x,y,z;
    for(x=0;x<=100;x++)
        for(y=0;y<=100;y++)
            for(z=0;z<=100;z++)
            {
              if(5*x+3*y+z/3==100&&z%3==0&&x+y+z=
=100)
              {
                cout<<"公鸡:"<<x<<"母鸡:"<<y<<"小鸡:"<<z
<<endl;
              }
            }
    return 0;
}
```

当上面的代码被编译和执行时，它会产生以下结果：

```
公鸡:0 母鸡:25 小鸡:75
公鸡:4 母鸡:18 小鸡:78
公鸡:8 母鸡:11 小鸡:81
公鸡:12 母鸡:4 小鸡:84
```

二、循环嵌套

什么是“循环嵌套”？

将循环抽象为图形，在里面我们可以写要循环执行的一些操作和语句。当然，除了语句以外，这个循环里面还可以放入另一个循环，如图 4.4.1 所示。

图 4.4.1 循环嵌套

例如下面程序：

```
for(x=0;x<=100;x++)
  for(y=0;y<=100;y++)
    for(z=0;z<=100;z++)
    {
      if(5* x+3* y+z/3==100&&z% 3==0&&x+y+z==
100)//是否满足百钱百鸡
      {
        cout<<"公鸡:"<<x<<"母鸡:"<<y<<"小鸡:"<<z<<
endl;
      }
    }
```

该程序中，在执行第 1 次循环时，x，y，z 的值分别为 0，0，0；第 2 次循环时，x，y，z 的值分别为 0，0，1；……第 101 次循环时，x，y，z 的值分别为 0，0，100；第 102 次循环时，x，y，z 的值分别为 0，1，0；第 103 次循环时，x，y，z 的值分别为 0，1，1；……直到最后 x，y，z 均为 100 时，退出循环。

关于嵌套循环有一点值得注意：可以在任何类型的循环内嵌套其他任何类型的循环。例如，一个 for 循环可以嵌套在一个 while 循环内，同样地，一个 while 循环也可以嵌套在一个 for 循环内。而且这样的嵌套可以不止一层，C++ 允许至少 256 个嵌套层次。

正常情况下，循环嵌套都是先执行较内层的循环体操作，在较内层的执行完以后才会执行外一层的循环。这有点类似于时钟，先是秒针一直在转动，当秒针转完一圈以后才轮到分针转动一格；分针转完一圈，时针才转动一格。循环的执行次数也是按乘积级别来增长的。例如，双重循环，内层循环执行的次数等于内层次数乘以外层次数。

三种循环语句 while、do...while、for 可以互相嵌套，自由组合。外层循环体中可以包含一个或多个内层循环结构。但要注意的是，各循环必须完整包含，相互之间绝对不允许出现交叉现象，因此每一层循环体都应该用 {} 括起来。

【小信提示】

在编写程序时嵌套很多层次并不一定是一件好事，我们需要考虑时间效率，也就是时间复杂度。在使用程序处理问题时，我们更希望牺牲空间来换取时间。

1. 嵌套 while 循环

嵌套while循环和普通while循环类似，把while循环当作一个普通语句处 理，它也能够在循环任意位置放置更多的语句。

C++中嵌套 while 循环语句的语法：

```
while(条件1)
{
    while(条件2)
    {
        语句1;//可以放置更多的语句
    }
    语句2;//可以放置更多的语句
}
```

2. 嵌套 for 循环

C++中嵌套 for 循环语句的语法：

```
for(初始值;条件1;变化量)
{
    for(初始值;条件2;变化量)
    {
        语句1;//可以放置更多的语句
    }
    语句2;//可以放置更多的语句
}
```

可以看到，上述语句的写法和普通 for 循环写法类似，也就是把 for 循环语句当作普通语句来处理，放在另一个 for 循环中，还可以在嵌套之中放置更多语句。for 循环嵌套也是我们用得最多的循环嵌套。

3. 嵌套 do...while 循环

以此类推，也能够类推出 do...while 循环的写法。这里不要忘了在 while 语句后面加上分号。嵌套 do...while 循环语句的语法：

```
do
{
    语句;//可以放置更多的语句
    do
    {
        语句;//可以放置更多的语句
    }while(条件2);
}while(条件1);
```

例 4-7：输出九九乘法表

【题目描述】

将九九乘法表打印出来。

【参考程序】

```
#include<iostream>
using namespace std;
int main()
{
```

```
    for(int i =1;i <10;i ++)
    {
        for(int j =1;j <=i;j ++)
        {
            cout << i << "* " << j << " = " << i* j << "\t";
        }
        cout << endl;
    }
    return 0;
}
```

【分析】

（1）\t 是制表符。因为乘法口诀中有的结果只有 1 位数，有的有 2 位数。例如第二列，2 * 2，3 * 2，4 * 2 的结果都是 1 位数，但是之后都是两位数，如果用固定的空格的话，第三列就会歪掉。所以，用制表符就会很方便。

（2）乘法口诀表只需要 i 能够遍历到 9，所以控制条件写 i < 10 或 i <= 9 即可。

（3）第二层循环的 j 代表的乘法表中的乘号右边的数，所以这里的 j 初始化值为 1，但是只需要遍历到 i 即可。

【运行结果】

```
1* 1 =1
2* 1 =2   2* 2 =4
3* 1 =3   3* 2 =6   3* 3 =9
4* 1 =4   4* 2 =8   4* 3 =12  4* 4 =16
5* 1 =5   5* 2 =10  5* 3 =15  5* 4 =20  5* 5 =25
6* 1 =6   6* 2 =12  6* 3 =18  6* 4 =24  6* 5 =30  6* 6 =36
7* 1 =7   7* 2 =14  7* 3 =21  7* 4 =28  7* 5 =35  7* 6 =42
7* 7 =49
8* 1 =8   8* 2 =16  8* 3 =24  8* 4 =32  8* 5 =40  8* 6 =48
8* 7 =56  8* 8 =64
9* 1 =9   9* 2 =18  9* 3 =27  9* 4 =36  9* 5 =45  9* 6 =54
9* 7 =63  9* 8 =72  9* 9 =81
```

例 4-8：计算阶乘之和

【题目描述】

编写程序，输入正整数 n，计算出 S = 1! + 2! + 3! + … + n!（n≤12），输出 S。其中“!”表示阶乘，例如：5! = 5 × 4 × 3 × 2 × 1。

输入样例：

```
3
```

输出样例：

```
9
```

【参考程序】

```
#include <iostream>
using namespace std;
int main()
{
    int s =0;
    int f =1;
    int n;
    cin >> n;
    for(int i =1;i <=n;i ++)
    {
        f =1;
        for(int j =1;j <=i;j ++)
            f* =j;
        s +=f;
    }
    cout << s;
    return 0;
}
```

【分析】

（1）首先需要一个累加器 s，初始化的值为 0，因为 0 加任何数都等于原数。然后需要一个累乘器，初始化的值为 1，因为 1 乘任何数都等于原数。最后再声明一个需要输入的数 n。

（2）第一层循环从 1 到 n 遍历，它的作用就是循环记录并累加 1 到 n 的每一个数的阶乘。

（3）第二层让 j 从 1 到 i 遍历，然后用 f *= j 计算出每个数的阶乘。

【运行结果】

```
3
9
```

三、练习

练习 1：房间门

【题目描述】

宾馆里有 n 个房间（n≤100 000），从 1 ~ n 编了号。第一个服务员把所有的房间门都打开了，第二个服务员把所有编号是 2 的倍数的房间作“相反处理”，第三个服务员把所有编号是 3 的倍数的房间作“相反处理”……以后每个服务员都是如此。当第 n 个服务员来过后，哪几扇门是打开的。（所谓“相反处理”是：原来开着的门关上，原来关上的门打开）

输入样例：

```
100
```

输出样例：

```
1 4 9 16 25 36 49 64 81 100
```

练习 2：质数口袋

【题目描述】

小 A 有一个质数口袋，里面可以装各个质数。他从 2 开始，依次判断各个自然数是不是质数，如果是质数就会把这个数字装入口袋。口袋的负载量就是口袋里的所有数字之和。但是口袋的承重量有限，不能装得下总和超过 L（$1 < L < 10^5$）的质数。给出 L，请问口袋里能装下几个质数？将这些质数从小往大输出，然后输出最多能装下的质数个数，所有数字之间有一空行。

输入格式：

一行一个正整数 L。

输出格式：

将这些质数从小往大输出，然后输出最多能装下的质数个数，所有数字之间有一空行。

输入样例：

```
100
```

输出样例：

```
2
3
5
7
```

11
13
17
19
23
9

第五节 如何出圈——循环控制语句

一、五猴分桃

5 只猴子一起摘桃子。因为太累了，它们商量决定先睡一觉再分。过了不知多久，1 只猴子醒来了。它见别的猴子没醒，便将这一堆桃子平均分成了 5 份，结果多了 1 个，就将多的这个吃了并且拿走了其中的一堆儿。又过了不知多久，第 2 只猴子醒了，它不知道有一个同伴已经拿走一份，还以为自己是第一个呢，于是将地上的桃子平均分成了 5 份，发现也多了一个，同样吃了这 1 个，拿走了其中的一堆儿。第三只、第四只、第五只猴子同样如此……

请问这 5 只猴子至少摘了多少个桃子？第 5 个猴子走后还剩下多少个桃子呢？

请你利用所学的数学知识想一想这道题的解法。

【分析】

通过题目描述，我们可以知道：每一只猴子分的时候桃子都是 5 的倍数加 1。同时，我们也知道，当第一只猴子吃掉一个并拿走五份中的一份，剩下桃子的数量便是 4 的倍数。因此，我们可以从第五只猴子剩下的桃子来逆推桃子的总数。

假设最后剩下的桃子数为 X，X 一定是 4 的倍数。那么我们就可以从 $X=4$ 来计算。假设第五只猴子看到的桃子数为 C，X/4 是一份桃子的数量，乘以 5 再加 1 便是第五只猴子看到的桃子数，即 $C=(X/4)\times5+1$。依此类推，便可知道一共摘了多少桃子及剩下的桃子数。

注意：若每次算出来的 C 不是 4 的倍数，说明初始假设的 X 不对，即需要在 X 的基础上再加 4（第一只猴子看到的桃子数不需要为 4 的倍数）。

通过上面的分析，我们可以用程序实现为：

```
#include <iostream>
using namespace std;
int main()
{
 int x;//x 为剩下的桃子数
 for(x=4;;x=x+4)
 {
     int C;//C 用于计算第五只到第二只猴子看到的桃子数
     C=x;
```

```
        int i;//i 为循环变量
        for(i =1;i <=4;i ++)
        {
            int C1;//C1 用于计算第五只到第二只猴子看到的桃子数
            C1 =C* 5/4 +1;
            if(C1%4!=0)
            {
                break;//跳出循环
            }
            C =C1;
        }
        if(i >4)
        {
            cout <<"总桃子数:" <<C* 5/4 +1 <<"剩余桃子数:" <<x <<
endl;
            break;//跳出循环
        }
      }
    return 0;
  }
```

当上面的代码被编译和执行时，它会产生以下结果：

```
总桃子数:3121 剩余桃子数:1020
```

二、C++循环控制语句

循环控制语句更改执行的正常序列。当执行离开一个范围时，所有在该范围中创建的自动对象都会被销毁，如表 4.5.1 所示。

表 4.5.1 循环控制语句

控制语句	描述
break 语句	终止 loop 或 switch 语句，程序流将继续执行紧接着 loop 或 switch 的下一条语句
continue 语句	引起循环跳过主体的剩余部分，立即重新开始测试条件
goto 语句	将控制转移到被标记的语句。但是不建议在程序中使用 goto 语句

三、break 语句

1. 用法

C++中 break 语句有以下两种用法：

（1）当 break 语句出现在一个循环内时，循环会立即终止，且程序流将继续执行紧接着循环的下一条语句。

（2）break 语句可用于终止 switch 语句中的一个 case。

如果使用的是嵌套循环（即一个循环内嵌套另一个循环），break 语句会停止执行最内层的循环，然后开始执行该循环之后的下一行代码。

2. 语法

C++中 break 语句的语法：

```
break;
```

四、continue 语句

1. 用法

C++中的 continue 语句有点像 break 语句。但它不是强迫终止，continue 会跳过当前循环中的代码，强迫开始下一次循环。

对于 for 循环，continue 语句会导致执行条件测试和循环增量部分。对于 while 和 do... while 循环，continue 语句会导致程序控制回到条件测试上。

2. 语法

C++中 continue 语句的语法：

```
continue;
```

五、goto 语句

1. 用法

goto 语句也称作无条件转移语句。goto 语句通常与条件配合使用，可用来实现条件转移、构成循环、跳出循环体等功能。

注意：在任何编程语言中，都不建议使用 goto 语句。因为它使程序的控制流难以跟踪，使程序难以理解、难以修改。任何使用 goto 语句的程序都可以改成不需要使用 goto 语句的写法。

2. 语法

C++中 goto 语句的语法：

```
goto label;
..
.
label:statement;
```

在上述代码块中，label 是识别被标记语句的标识符，可以是任何除 C++ 关键字以外的纯文本。被标记语句可以是任何语句，放置在标识符和冒号（:）后边。

3. 流程图（如图 4.5.1 所示）

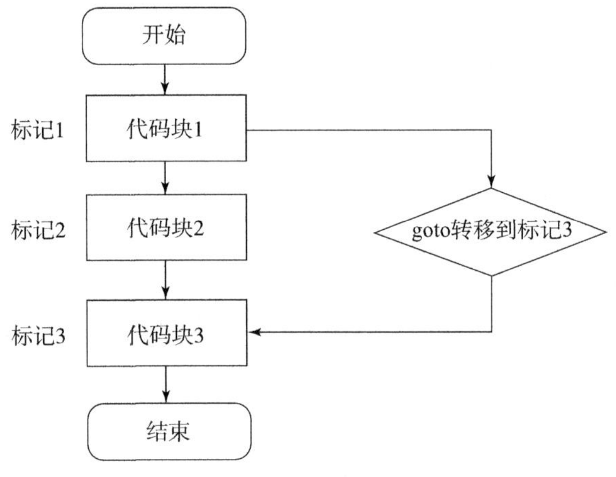

图 4.5.1　goto 语句的执行流程图

例 4－9：输出数字

【题目描述】

输出从 1～10 除数字 8 外的所有整数。

输入样例：

输出样例：

```
1
2
3
4
5
6
7
9
10
```

【参考程序】

```
#include <iostream>
using namespace std;
int main()
{
    int i;
    i=1;
    while(i<=10)
    {
        if(i==8)//当 i 等于 8 时执行完 if 中的语句后自动跳出此次
while 循环
        {
            i++;
            continue;
        }
        cout<<i<<endl;
        i++;
    }
    return 0;
}
```

【小信分析】

（1）利用while循环语句可以将1~10的所有整数输出。

（2）当输出到8时，只让i的值加1然后跳出此次while循环即可不输出数字8。

【运行结果】

```
1
2
3
```

```
4
5
6
7
9
10
```

六、练习

三角形判断

【题目描述】

给定三个正整数，分别表示三条线段的长度，判断这三条线段能否构成一个三角形。如果能构成三角形，则输出 yes，否则输出 no。

输入格式：

输入共一行，包含三个正整数，分别表示三条线段的长度，数与数之间以一个空格分开。

输出格式：

如果能构成三角形，则输出 yes，否则输出 no。

输入样例：

```
3 4 5
```

输出样例：

```
yes
```

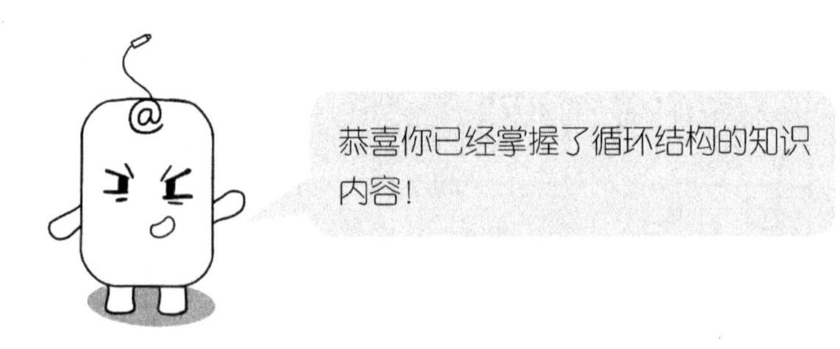

第六节 循环结构综合实战

1. 最长连号

【题目描述】

输入 n 个正整数，要求输出最长的连号的长度。

连号指从小到大连续自然数。

输入格式：

第一行，一个整数 n。

第二行，n 个整数 a_i，之间用空格隔开。

输出格式：

一个数，最长连号的个数。

输入样例：

```
10
3 5 6 2 3 4 5 6 8 9
```

输出样例：

```
5
```

【说明】

数据规模与约定：对于 100% 的数据，保证 $1 \leqslant n \leqslant 10^4$，$1 \leqslant a_i \leqslant 10^9$。

2. 求三角形

【题目描述】

输入一个不大于 9 的正整数，打印出一个正方形矩形，然后打印三角形矩阵。

输入格式：

输入矩阵的规模，不超过 9。

输出格式：

输出矩形和三角形

输入样例：

```
4
```

输出样例：

```
01020304
05060708
09101112
13141516
01
0203
040506
07080910
```

3. 远征

【题目描述】

在征服南极之后，达沃开始了一项新的挑战：将去西伯利亚、格林兰、挪威的北极圈远征。在这之前需要一共筹集 n 元钱。他打算在每个星期一筹集 x 元，

星期二筹集 $x+k$ 元，……，星期日筹集 $kx+6k$ 元，并在 52 个星期内筹集完。其中 x，k 为正整数，并且满足 $1 \leq x \leq 100$。

现在请你帮忙计算 x，k 为多少时，能刚好筹集 n 元。

如果有多个答案，输出 x 尽可能大，k 尽可能小的。注意 k 必须大于 0。

输入格式：

一行，一个整数 n（$1\,456 \leq n \leq 145\,600$）。

输出格式：

第一行，一个整数 x（$0 < x \leq 100$）。

第二行，一个整数 k（$k > 0$）。

输入样例：

```
1456
```

输出样例：

```
1
1
```

4. 整数的个数

【题目描述】

给定 k（$1 < k < 100$）个正整数，其中每个数都是大于等于 1，小于等于 10 的数。写程序计算给定的 k 个正整数中，1，5 和 10 出现的次数。

输入格式：

两行，第一行包含一个正整数 k，第二行包含 k 个正整数，每两个正整数用一个空格分开。

输出格式：

一行，输出有三个数，第一个数为 1 出现的次数，第二个数为 5 出现的次数，第三个数为 10 出现的次数。

输入样例：

```
5
1 5 8 10 5
```

输出样例：

```
1 2 1
```

5. 满足条件的数

【题目描述】

将正整数 m 和 n 之间（包括 m 和 n）能被 17 整除的数累加，其中 $0 < m < n < 1\,000$。

输入格式：

包含两个整数 m 和 n，以一个空格间隔。

输出格式：

输出一行，包行一个整数，表示累加的结果。

输入样例：

```
50 85
```

输出样例：

```
204
```

恭喜你，本章挑战完成！

第五章

同类数据欢聚一堂——数组

第一节　一维数组怎么用

在程序设计中，我们知道，大多数数据都是存放在变量里的。如果我们要处理更多的数据，增加存放数据的空间最简单的方法就是开设一些变量。

然而，变量多了就难以管理了。这就好像一个班级里的学生名字有长有短，即使没有重复的名字，要在一长串名单里找到某同学的名字也不是件容易的事情。

于是，最方便的方法就是给同学们编上学号，把名单按学号排列好以后，只要按学号查找就可以了。

因为数字的排列是从小到大的，是有序的，所以这个方法要比在一堆长短不一的名字中查找要方便多了。我们受到“学号”的启发，可以给变量也编一个号，把存储着一系列相关类型的变量编在一个组内，称之为“数组”。

一、分析成绩

学校信息社团进行了程序设计能力测试，王老师想要统计一下同学们分数中成绩优秀（≥85）的人数、成绩不及格的人数（<60）和平均分，已知班上同学的总人数为20人，请你编写程序输入这20位同学的成绩帮助王老师做一下分数统计。

有20位同学的成绩要计算，我们需要定义20个变量吗?如果有100位同学的成绩要计算，我们要定义100个变量吗?

当然不是啦！定义长度为对应变量个数的数组就可以解决啦。

【解决方法】

定义长度为20的数组，来存放这20个同学的成绩，就能实现一个变量存储多个元素的目的。

普通变量的一个变量只能存储一个值，例如，int x = 10；x只能存储一个整数，但有时我们需要读入大量的值，如求20位同学成绩的平均分，就需要定义数组来解决问题。数组的含义与意义如下：

数组：相同类型元素的集合。

数组意义：定义一个数组，存储多个元素的值。

让我们通过这个具体的例子来学习一下吧！

例 5-1：成绩统计

【题目描述】

输入 N（0≤N≤100）个人的成绩，输出优秀（≥85）的人数、不及格（<60）的人数和平均成绩。

输入格式：

第一行输入人数 N 的值（0≤N≤100）；第二行输入 N 个人的成绩，用空格分开。

每个成绩之间一定要用空格分开，然后按回车键结束。

输出格式：

第一行输出优秀人数，第二行输出不及格人数，第三行输出平均分。

输入样例：

```
5
85 80 92 78 100
```

输出样例：

```
优秀人数为：3
不及格人数为：0
平均分为：87
```

【参考程序】

```
#include <iostream>
```

```
using namespace std;
int main()
{
    int array[100];
    int i=0,j=0,N=0;
    float sum=0;
    cout<<"请输入人数:";
    cin>>N;
    cout<<"请输入"<<N<<"个人的分数(以空格隔开,回车结束):";
    for(int x=0;x<N;x++)
    {
        cin>>array[N];
        sum=sum+array[N];
        if(array[N]>=85)
            i++;
        if(array[N]<60)
            j++;
    }
    cout<<"优秀人数为:"<<i<<endl;
    cout<<"不及格人数为:"<<j<<endl;
    cout<<"平均分为:"<<sum/N<<endl;
    return 0;
}
```

【小信分析】

用array[100]来存储学生成绩，最多可以存储100个数据。

【扩展】

一个数组可以分解为多个数组元素，这些数组元素可以是基本数据类型或是构造类型。因此按数组元素的类型不同，数组又可分为数值数组、字符数组、指针数组、结构数组等各种类别。

二、一维数组

当数组中每个元素均只带有一个下标时，我们称这样的数组为一维数组。

数组的定义格式如下：

```
type arrayName[arraySize];
```

【说明】

（1）type 可以是任意有效的 C++ 数据类型。

（2）arrayName 为数组名，命名规则与变量名的命名规则一致。

（3）arraySize 表示数组元素的个数。数组元素的个数可以是常量和符号常量，但不能是变量。数组一旦完成定义后不可随意更改数组的长度，因此，实际使用过程中会将数组长度定义得大些，以防发生越界情况。

例如，数组 int a[10] 与 double balance[10] 均为合法的。其中，a 是一维数组的数组名，该数组有 10 个元素，依次表示为：a[0]，a[1]，a[2]，a[3]，a[4]，a[5]，a[6]，a[7]，a[8]，a[9]。需要注意的是，a[10] 不属于该数组的空间范围。当在说明部分定义了一个数组变量之后，C++ 编译程序为所定义的数组在内存空间开辟一串连续的存储单元，每个数组第一个元素的下标都是 0，因此第一个元素为第 0 个数组元素。例如，a 数组在内存的存储如表 5.1.1 所示。

表 5.1.1 a 数组存储

a[0]	a[1]	a[2]	a[3]	a[4]	a[5]	a[6]	a[7]	a[8]	a[9]

a 数组共由 10 个元素组成，在内存中 10 个数组元素共占 10 个连续的存储单元。a 数组最小下标为 0，最大下标为 9。按定义 a 数组所有元素都是整型变量。

在 C++ 中，我们可以逐个初始化数组，也可以使用一个初始化语句。

例如，以下数组初始化均为合法的。

```
double balance[5] = {1000.0,2.0,3.4,7.0,50.0};
double balance[5] = {0};
```

【小信提示】

大括号{}之间的值的数目不能大于我们在数组声明时在方括号[]中指定的元素数目。如果省略掉了数组的大小，数组的大小则为初始化时元素的个数。

因此，如果：

```
double balance[] = {1000.0,2.0,3.4,7.0,50.0};
```

上述程序将创建一个数组，它与前一个实例中所创建的数组是完全相同的。以下是一个为数组中某个元素赋值的实例。

```
balance[4] =50.0;
```

该语句把数组中第五个元素的值赋为50.0。

采用memset和sizeof初始化数组：

```
memset(balance,0,sizeof(balance))
```

该语句将balance数组初始化为0。

三、一维数组的访问

通过给出的数组名称和元素在数组中的位置编号（即下标），程序可以访问这个数组中的任何一个元素。所有数组都是以0作为它们第一个元素的索引，也被称为基索引，数组的最后一个索引是数组的总大小减1。

数组元素通过数组名称及索引进行访问。元素的索引是放在方括号内，跟在数组名称之后，一维数组元素的访问格式如下：

```
arrayName[num]
```

例如：若i，j都是int型变量，则a[5]，a[i+j]，a[i++]都是合法的元素。

【说明】

（1）num为数组下标，它可以是任意值为整型的表达式，该表达式里可以包含变量和函数调用。引用时，下标值应在数组定义的下标值范围内。

（2）数组的下标可以是变量，通过对下标变量值的灵活控制，达到灵活处理数组元素的目的。

（3）C++语言只能逐个访问数组元素，而不能一次性访问整个数组。

（4）数组元素可以像同类型的普通变量那样使用，对其进行赋值和运算的操作，和普通变量完全相同。

例5-2：声明数组、数组赋值、访问数组

【题目描述】

声明一个包含10个整数的数组，初始化数组，给每个元素赋值为数组元素下标加100的和，最后输出数组中每个元素的值。

【参考程序】

```
#include <iostream>
#include <iomanip>
using namespace std;
using std::setw;
int main()
{
    int n[10];//n是一个包含10个整数的数组
    //初始化数组元素
    for(int i=0;i<10;i++)
        n[i]=i+100;//设置元素i为i+100
    cout<<"Element"<<setw(13)<<"Value"<<endl;
    //输出数组中每个元素的值
    for(int j=0;j<10;j++)
        cout<<setw(7)<<j<<setw(13)<<n[j]<<endl;
    return 0;
}
```

【运行结果】

```
Element        Value
      0          100
      1          101
      2          102
      3          103
      4          104
```

```
5        105
6        106
7        107
8        108
9        109
```

【小信提示】

在上面的程序中使用了 setw（）函数来格式化输出。

例 5-3：输出最大数所在位置

【题目描述】

输入 n（n≤10 000）个整数，存放在数组 a[1] 至 a[n] 中，输出最大数所在位置。

输入样例：

```
5
67 43 90 78 32
```

输出样例：

```
3
```

【小信分析】

设maxa存放最大值，k存放对应最大值所在的数组位置，maxa的初值为a[1]，k的初值对应为1，枚举数组元素，找到比当前maxa大的数成为maxa的新值，k值为对应位置，输出最后的k值。

【参考程序】

```
#include <iostream>
```

```
using namespace std;
constint MAXN =10001;
int main()
{
    int a[MAXN];                    //定义 10001 个数组
    int i,n,maxa,k;
    cin >> n;
    for(i =1;i <=n;i ++)
        cin >> a[i];                 //读入 n 个整数存到 a[1] - a[n]中
    maxa =a[1];k =1;                 //赋最大值初值和初始位置
    for(i =2;i <=n;i ++)
        if(a[i] >maxa)               //枚举数组,找到最大数和位置
        {
            maxa =a[i];
            k =i;
        }
    cout << k;                       //输出最大数所在数组中的位置
    return 0;
}
```

【运行结果】

```
5
67 43 90 78 32
3
```

例 5 –4：100 位数的加法运算

【题目描述】

我想计算100位数的加法运算，你能用所学的数组知识帮我解决这个问题吗？

为了降低题目难度，计算器的两个操作数位数相同（<101）。

输入样例：

```
12343212343212343212
43212343212343212343
```

输出样例：

```
55555555555555555555
```

【分析】

在C++中，数值的加、减、乘、除运算都已经在系统内部被定义好了，我们可以很方便地对两个变量进行简单的运算。然而其中变量的取值范围，以整数为例，最大的是long long类型，范围是［-2^{63}，2^{63}）。题目中100位的数进行加法运算，就不能用C++的内部运算器了。回想一下我们小学数学课上的加法"竖式"运算。

首先把加数与被加数的个位对齐，然后个位对个位、十位对十位、百位对百位，位位对应进行加法操作，有进位的要相应地进行处理。

我们不妨对每一个数位都创建一个整数变量进行存储。当两个数位分别相加时，这就需要借助数组进行存储，因此对进行运算的两个数分别用两个数组进行储存会使计算问题的实现变得十分方便。具体思路如下：

（1）用数组来存入操作数。

a[6]	1	2	3	4	3	2
	+	+	+	+	+	+
b[6]	4	3	2	1	2	3
c[6]	5	5	5	5	5	5

（2）产生进位处理。

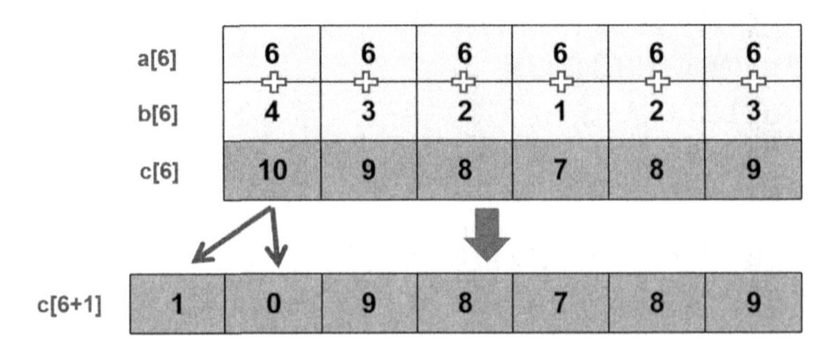

【参考程序】

```
#include <bits/stdc++.h>
using namespace std;
int main()
{
    char a[100],b[100];//以字符数组形式存入操作数
    int c[101] = {0};//以整型数组形式实例化结果,且初始化数组,方便计算时 += 操作
    cin >> a >> b;
    for(int i = strlen(a) -1;i >= 0;i --)//从低位开始计算
    {
        c[i +1] += a[i] +b[i] -96;//从 i +1 开始赋值,将下标为 0 的位置预留(防止最高位进位时溢出)
        if(c[i +1] >9)c[i] += c[i +1]/10,c[i +1]% =10;//进位计算
    }
    if(c[0])cout << c[0];//如果最高位产生进位,则先输出 c[0]
    for(int i =1;i <= strlen(a);i ++)
        cout << c[i];
    return 0;
}
```

例 5 -5：排序

【题目描述】

小信最近在学习排序，做题时想利用程序快速地检查自己做的题是否正确，你能帮助她解决这个问题吗？（n≤10 000）

输入样例：

```
5
5 3 1 2 4
```

输出样例：

```
1 2 3 4 5
```

【分析】

（1）用循环把 5 个数输入到 A 数组中。

（2）从 a[1] 到 a[5]，相邻的两个数两两相比较，即：a[1] 与 a[2] 比，a[2] 与 a[3] 比，a[3] 与 a[4] 比，a[4] 与 a[5] 比。

只需知道两个数中的前面那元素的标号，就能进行与后一个序号元素（相邻数）比较，可写成通用形式 a[i] 与 a[i+1] 比较，那么，比较的次数又可用 1~(n-i) 循环进行控制（即循环次数与两两相比较时前面那个元素序号有关）。

(3) 在每次的比较中，若较大的数在前面，就把前后两个对换，把较大的数调到后面，否则无须调换。

下面列举 5 个数来说明两两相比较和交换位置的具体情形：

5 3 1 2 4　5 和 3 比较，交换位置，排成下行的顺序；

3 5 1 2 4　5 和 1 比较，交换位置，排成下行的顺序；

3 1 5 2 4　5 和 2 比较，交换位置，排成下行的顺序；

3 1 2 5 4　5 和 4 比较，交换位置，排成下行的顺序；

3 1 2 4 5

……

经过（1~(n-1)）次比较后，将 5 调到了末尾。

经过第一轮的 1~(n-1) 次比较，就能把 n 个数中的最大数调到最末尾位置，第二轮比较 1~(n-2) 次进行同样处理，又把这一轮所比较的“最大数”调到所比较范围的“最末尾”位置；……；每进行一轮两两比较后，其下一轮的比较范围就减少一个。最后一轮仅有一次比较。在比较过程中，每次都有一个“最大数”往下“掉”，用这种方法排列顺序，常被为“冒泡法”排序。

【参考程序】

```
#include<iostream>
using namespace std;
int main(){
    int n,a[100];
    cin>>n;
    for(int i=0;i<n;i++)
        cin>>a[i];
for(int i,j,len=n;len>0;len--){
        //i,j 总是从 0,1 开始,len 的大小一直在减小
        for(i=0,j=1;j<len,i<len -1;i++,j++){
            if(a[i]>a[j]){  //比较和交换,交换 a[i]和 a[j]
                int temp=a[i];
                a[i]=a[j];
                a[j]=temp;
```

```
            }
        }
    }
    for(int i =0;i <n;i ++)
        cout << a[i] << " ";
    return 0;
}
```

四、练习

练习 1：求极差

【题目描述】

给出 n（n≤100）和 n 个整数 a_i（0≤a_i≤1 000），求这 n 个整数中的极差（极差是一组数中的最大值减去最小值的差）。

输入样例：

```
6
1 1 4 5 1 4
```

输出样例：

```
4
```

练习 2：小鱼的数字游戏

【题目描述】

小鱼最近被要求参加一个数字游戏，要求它把看到的一串数字 a_i（长度不一定，以 0 结束）记住了然后反着念出来（表示结束的数字 0 就不要念出来了）。这对小鱼的那点记忆力来说实在是太难了，所以请你帮小鱼编程解决这个问题。

输入格式：

一行内输入一串整数，以空格间隔。

输出格式：

一行内倒着输出这一串整数，以空格间隔。

输入样例：

```
3 65 23 5 34 1 30 0
```

输出样例：

```
30 1 34 5 23 65 3
```

【说明】

数据规模与约定：对于 100% 的数据，保证 $0 \leq a_i \leq 2^{31}-1$，数字个数不超过 1 000。

练习 3：奇怪的数列 1

【题目描述】

小慧在书上学到了一个数列，它的第一个值为 1，对于之后的每个值，第 i 个值，当 i 为奇数时 F(i) = F(i - 1)，当 i 为偶数时，F(i) = F(i/2) + 1。现在小慧想知道 F(n) 等于多少。

输入格式：

输入一行，为一个正整数 n。

输出格式：

输出一行，为一个正整数 F(n)。

输入样例：

```
10
```

输出样例：

```
4
```

【说明】

n≤10 000

练习 4：奇怪的数列 2

【题目描述】

小慧又在书上学到了一个数列，它的第一个值为 1，对于之后的每个值，第 i 个值，当 i 为奇数时 F(i) = F(i - 1) + 1，当 i 为偶数时，F(i) = F(i/2)。

现在小慧想知道 F(n) 等于多少。

输入格式：

输入一行，为一个正整数 n。

输出格式：

输出一行，为一个正整数 F(n)。

输入样例：

```
10
```

输出样例：

```
2
```

练习 5：斐波那契数列

【题目描述】

斐波那契数列：数列的第一个和第二个数都为 1，接下来的每个数都等于前面 2 个数的和。给出一个正整数 k，求斐波那契数列中第 k 个数。

输入格式：

输入一行，包含一个正整数 k（1≤k≤46）。

输出格式：

输出一行，包含一个正整数，表示菲波那契数列中第 k 个数的大小。

输入样例：

```
4
```

输出样例：

```
3
```

怎么样，数组的使用是不是为我们带来很大方便，让我们一起继续感受数组的魅力吧！

第二节　二维数组怎么用

一、统计多科成绩

我们可以用一维数组来存储一个班级同学的语文成绩，例如：

成绩	98	98	77	89	100	95	98	99	92
学号	0	1	2	3	4	5	6	7	8

数组的每一格代表一个同学的成绩，通过下标访问数组的元素。

如果要存储一个班所有同学的语文、数学、英语成绩，应该怎么做呢?

例如：存储一个班同学的学号、语文、数学、英语成绩。

使用一维数组只能存储一个学生的成绩，那么存储一个班的成绩要定义多个一维数组来存储吗?

【解决方法】

定义二维数组，就能存储多个一维数组，如表 5.2.1 所示。

表 5.2.1 二维数组

	j=0	j=1	j=2	j=3
i=0	1	99	98	96
i=1	2	97	97	96
i=2	3	90	99	95

当一维数组元素的类型也是一维数组时，便构成了“数组的数组”，即二维数组。多维数组最简单的形式是二维数组。一个二维数组，在本质上，是一个一维数组的列表。

例 5-6：学生平均成绩

【题目描述】

输入学生人数 n（0≤n≤100）和 n 名学生的语、数、英成绩，求各科成绩的平均分并打印出来。

输入格式：

第一行输入人数 n 的值（0≤n≤100），第二行之后每行输入每个人的语、数、英成绩，三科成绩用空格分开。回车结束每个人的成绩输入，并继续输入下一个人的成绩。

输出格式：

第一行输出语文平均分，第二行输出数学平均分，第三行输出英语平均分。

输入样例：

```
3
88 98 86
98 78 90
100 96 88
```

输出样例：

```
语文平均分为：95.3333
数学平均分为：90.6667
英语平均分为：88
```

【参考程序】

```
#include <iostream>
using namespace std;
int main()
{
    int array[100][3],i,j,n;
    float sum1 =0,sum2 =0,sum3 =0;
    cout << "请输入学生人数";
    cin >> n;
    for(int i =0;i < n;i ++){
        cout << "请输入第" << i +1 << "个人的分数(语数英成绩以空
格隔开,回车结束):";
        for(int j =0;j <3;j ++){
            cin >> array[i][j];
        }
        sum1 =sum1 +array[i][0];
        sum2 =sum2 +array[i][1];
        sum3 =sum3 +array[i][2];
    }
    cout << "语文平均分为:" << sum1/n << endl;
    cout << "数学平均分为:" << sum2/n << endl;
    cout << "英语平均分为:" << sum3/n << endl;
    return 0
}
```

【运行结果】

```
请输入学生人数 3
请输入第 1 个人的分数(语数英成绩以空格隔开,回车结束):88 98 86
请输入第 2 个人的分数(语数英成绩以空格隔开,回车结束):98 78 90
请输入第 3 个人的分数(语数英成绩以空格隔开,回车结束):100 96 88
语文平均分为:95.3333
数学平均分为:90.6667
英语平均分为:88
```

二、二维数组的定义

二维数组定义的一般格式：

```
type arrayName[arraySize1][arraySize2];
```

其中，type 可以是任意有效的 C++ 数据类型，arrayName 是一个有效的 C++ 标识符。

例如：int a［3］［4］，如表 5.2.2 所示。

表 5.2.2 二维数组定义

	Column 0	Column 1	Column 2	Column 3
Row 0	a[0][0]	a[0][1]	a[0][2]	a[0][3]
Row 1	a[1][0]	a[1][1]	a[1][2]	a[1][3]
Row 2	a[2][0]	a[2][1]	a[2][2]	a[2][3]

一个二维数组可以被认为是一个带有 x 行和 y 列的表格。表 5.2.2 是一个二维数组，包含 3 行和 4 列，a 数组实质上是一个有 3 行、4 列的表格，表格中可储存 12 个元素。数组中的每个元素是使用形式为 a[i][j] 的元素名称来标识的，其中 a 是数组名称，i 和 j 是唯一标识 a 中每个元素的下标。第 1 行 1 列对应 a 数组的 a[0][0]，第 n 行第 m 列对应数组元素 a[n-1][m-1]。

【小信提示】

当定义的数组下标有多个时，我们称为多维数组。下标的个数并不局限在一个或二个，可以任意多个，且多维的数组引用赋值等操作与二维数组类似。

如定义一个三维数组 a 和四维数组 b：

```
int a[100][3][5];
int b[100][100][3][5];
```

三、二维数组的初始化

二维数组的初始化与一维数组类似，可以将每一行分别写在各自的括号里，也可以把所有数据写在一个括号里。

例如：

```
int a[3][4] ={{0,1,2,3},/* 初始化索引号为 0 的行* /
              {4,5,6,7},/* 初始化索引号为 1 的行* /
              {8,9,10,11},/* 初始化索引号为 2 的行* /};
```

虽然下面这种初始化方式与上述例子的是等同的，但我们尽量不用。

```
int a[3][4] ={0,1,2,3,4,5,6,7,8,9,10,11};//尽量不要用
```

四、二维数组元素的访问

二维数组的数组元素访问与一维数组元素引用类似，区别在于二维数组元素的访问必须给出两个下标（即数组的行索引和列索引）。

访问的格式为：

```
<arrayName>[num1][num2];
```

【说明】

每个下标表达式的取值不应超出下标所指定的范围，否则会导致越界错误。

例如，设有定义：int a[5][2]；则表示 a 是二维数组，共有 5×2=10 个元素，分别是：

```
a[0][0],a[0][1],a[1][0],a[1][1],
a[2][0],a[2][1],a[3][0],a[3][1],
a[4][0],a[4][1]
```

可以将上述二维数组看成一个矩阵（或表格），a[2][1] 即表示第 3 行、第 2 列的元素。

例 5-7：移树

【题目描述】

某校大门外长度为 l 的马路上有一排树，每两棵相邻的树之间的间隔都是 1 米。我们可以把马路看成一个数轴，马路的一端在数轴 0 的位置，另一端在 l 的位置；数轴上的每个整数点，即 0，1，2，…，l，都种有一棵树。

马路上有一些区域要用来建地铁，这些区域用它们在数轴上的起始点和终止

点表示。已知任一区域的起始点和终止点的坐标都是整数，区域之间可能有重合的部分。现在要把这些区域中的树（包括区域端点处的两棵树）移走。你的任务是计算将这些树都移走后，马路上还有多少棵树。

输入格式：

第一行有两个整数，分别表示马路的长度 l 和区域的数目 m。

接下来 m 行，每行两个整数 u，v，表示一个区域的起始点和终止点的坐标。

输出格式：

输出一行，为一个整数，表示将这些树都移走后，马路上剩余的树木数量。

输入样例：

```
500 3
150 300
100 200
470 471
```

输出样例：

```
298
```

【参考程序】

```
#include <iostream>
using namespace std;
int main()
{
    //存储起始点和终止点,存储树状态的数组,并初始化为 0 代表不会被拆除;
    //count =0 记录剩下的树的计数器
    int a[100][2],l,m,b[10000]={0},count=0;
    cin>>l>>m;
    for(int i=0;i<m;i++)cin>>a[i][0]>>a[i][1];
    for(int i=0;i<m;i++)
        for(int j=a[i][0];j<=a[i][1];j++)
            b[j]=1;//将第 i 次操作中的第 a[i][0]到 a[i][1]的树的状态改为 1
    for(int i=0;i<=l;i++)
        if(b[i]==0)count++;
    cout<<count;
```

```
    return 0;
}
```

例 5-8：杨辉三角

【题目描述】

给出 n（n≤20），输出杨辉三角的前 n 行。

如果你不知道什么是杨辉三角，可以观察样例找找规律。

输入样例：

```
6
```

输出样例：

```
1
1 1
1 2 1
1 3 3 1
1 4 6 4 1
1 5 10 10 5 1
```

【分析】

不难发现杨辉三角形其实就是一个二维表的小三角形部分，假设通过二维数组 a 存储，每行首、尾元素均为 1，且其中任意一个非首尾元素 a[i][j] 的值等于 a[i-1][j-1] 与 a[i-1][j] 的和，每一行元素的个数刚好等于行数。有了数组元素的值，要打印杨辉三角形，只需控制好输出起始位置即可。

【参考程序】

```
#include <iostream>
using namespace std;
int main(){//初始化二维数组,方便后面 +=, -= 的使用,以及防止计算时出错
    int n,a[22][22] ={0};
    cin >>n;
    a[1][1] =1;//给第一个数赋值,下标从 1 开始,防止计算时出错
    for(int i =1;i <=n;i ++)
        for(int j =1;j <=n;j ++)
            //第 i 行第 j 列的数的值等于它的左上方的数加上方的数的值
            a[i][j] +=a[i -1][j] +a[i -1][j -1];
```

```
    for(int i=1;i<=n;i++){
        for(int j=1;j<=n;j++)
            if(a[i][j]!=0)
                cout<<a[i][j]<<" ";
        cout<<"\n";
    }
    return 0;
}
```

学完基础知识，让我们一起实战一下吧！

五、练习

练习1：彩票摇奖

【题目描述】

为了丰富人民群众的生活，支持社会公益事业，某区发行了一项彩票。该彩票的规则是：

（1）每张彩票上印有7个各不相同的号码，且这些号码的取值范围为1～33。

（2）每次在兑奖前都会公布一个由7个各不相同的号码构成的中奖号码。

（3）共设置7个奖项，特等奖和一等奖至六等奖。

兑奖规则如下：

特等奖：要求彩票上7个号码都出现在中奖号码中。

一等奖：要求彩票上有6个号码出现在中奖号码中。

二等奖：要求彩票上有5个号码出现在中奖号码中。

三等奖：要求彩票上有4个号码出现在中奖号码中。

四等奖：要求彩票上有3个号码出现在中奖号码中。

五等奖：要求彩票上有2个号码出现在中奖号码中。

六等奖：要求彩票上有1个号码出现在中奖号码中。

注：兑奖时并不考虑彩票上的号码和中奖号码中的各个号码出现的位置。例如，中奖号码为23，31，1，14，19，17，18，则彩票有12，8，9，23，1，16，7，由于其中有两个号码（23和1）出现在中奖号码中，所以该彩票中了五等奖。

现已知中奖号码和小明买的若干张彩票的号码，请你编写一个程序帮助小明判断彩票的中奖情况。

输入格式：

输入的第一行只有一个自然数n，表示小明买的彩票张数。

第二行存放了7个自然数，其取值范围均为［1，33］，表示中奖号码。

在随后的n行中每行都有7个自然数，其取值范围均为［1，33］，分别表示小明所买的n张彩票。

输出格式：

依次输出小明所买的彩票的中奖情况（中奖的张数），首先输出特等奖的中奖张数，然后依次输出一等奖至六等奖的中奖张数。

输入样例：

```
2
23 31 1 14 19 17 18
12 8 9 23 1 16 7
11 7 10 21 2 9 31
```

输出样例：

```
0 0 0 0 0 1 1
```

【小信提示】

根据数据规模与约定，对于100%的数据，保证1≤n<1 000。

练习2：插火把

【题目描述】

一天李勇森在“我的世界”开了一个n×n（n≤100）的方阵，现在他有m个火把和k个萤石，分别放在（x_1，y_1），...，（x_m，y_m）和（o_1，p_1），...，（o_k，p_k）的位置，没有光或没放东西的地方会生成怪物。请问在这个方阵中有几个点会生成怪物？

暗	暗	光	暗	暗
暗	光	光	光	暗
光	光	火把	光	光
暗	光	光	光	暗
暗	暗	光	暗	暗

萤石：

光	光	光	光	光
光	光	光	光	光
光	光	萤石	光	光
光	光	光	光	光
光	光	光	光	光

输入格式：

输入共 m+k+1 行。

第一行为 n，m，k。

第二行到第 m+1 行分别是火把的位置（x_i，y_i）。

第 m+2 到第 m+k+1 行分别是萤石的位置（o_i，p_i）。

注：本题中可能存在没有萤石的情况，但一定会有火把，保证所有输入数据在 int 范围内。

输出格式：

生出怪物的位置数量。

输入样例：

```
5 1 0
3 3
```

输出样例：

```
12
```

练习 3：神奇的幻方

【题目描述】

幻方是一种很神奇的 N×N 矩阵：它由数字 1，2，3，…，N×N 构成，且每行、每列及两条对角线上的数字之和都相同。当 N 为奇数时，我们可以通过以下方法构建一个幻方：首先将 1 写在第一行的中间。之后，按如下方式从小到大依次填写每个数 K（K=2，3，…，N×N）：

（1）若（K-1）在第一行但不在最后一列，则将 K 填在最后一行，（K-1）所在列的右一列。

（2）若（K-1）在最后一列但不在第一行，则将 K 填在第一列，（K-1）所在行的上一行。

（3）若（K－1）在第一行最后一列，则将 K 填在（K－1）的正下方。

（4）若（K－1）既不在第一行，也不在最后一列，如果（K－1）的右上方还未填数，则将 K 填在（K－1）的右上方，否则将 K 填在（K－1）的正下方。

现给定 N，请按上述方法构造 N×N 的幻方。

输入格式：

输入只有一行，包含一个整数，即幻方的大小。

输出格式：

输出包含 N 行，每行 N 个整数，即按上述方法构造出的 N×N 的幻方。相邻两个整数之间用单个空格隔开。

输入样例：

```
3
```

输出样例：

```
8 1 6
3 5 7
4 9 2
```

【说明】

对于 100% 的数据，1≤N≤39 且为奇数。

你的程序都写对了吗？

第三节 字符数组与字符串类型

一、信息加密

数据加密的基本过程就是对原来为明文的文件或数据按某种算法进行处理，使其成为不可读的一段代码（“密文”），使其只能在输入相应的密钥（如图 5.3.1 所示）之后才能显示出原容，通过这样的途径来达到保护数据不被非法人窃取、阅读的目的。该过程的逆过程为解密，即将该编码信息转化为其原来数据的过程。

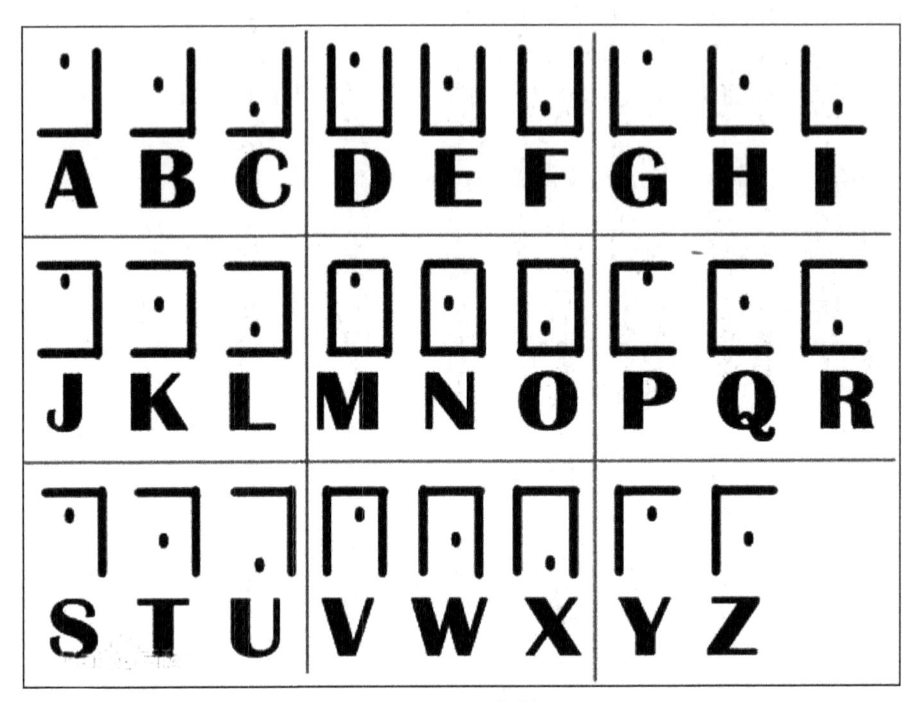

图 5.3.1 密钥

例 5－9：字符串加密

【题目描述】

现在给定一个字符串，对其进行加密处理。

加密的规则如下：

输入一串只包含字母的内容（长度不超过 1 000），按 a ~ z，A ~ Z 的顺序，z(Z) 的下一个字符为 a(A)，将字符串所有字符加 n(n < 26)，请你输出加密后的字符串。

【解决方法】

使用字符数组来存储字符串。

输入样例：

```
AEdxWz
```

输出样例：

```
XBauTw
```

【参考程序】

```
#include<iostream>
#include<cstring>
using namespace std;
int main()
{
    char a[1001];
    int n;
    cout<<"请输入明文字符串:";
    cin>>a;
    cout<<"请输入密钥规则n(n<26)的值:";
    cin>>n;
    cout<<"转换输出的密文为:";
    for(int i=0;i<strlen(a);i++)
    {
        if(a[i]+n>'z'&&a[i]>='a'&&a[i]<='z')
            cout<<(char)(a[i]+n-26);
        else if(a[i]+n>'Z'&&a[i]>='A'&&a[i]<='Z')
            cout<<(char)(a[i]+n-26);
        else cout<<(char)(a[i]+n);
    }
    return 0;
}
```

【运行结果】

```
请输入明文字符串:AEdxWz
请输入密钥规则n(n<26)的值:23
转换输出的密文为:XBauTw
```

二、字符类型

无论数组的下标有几个，类型如何，但数组中全体元素的类型必须相同。数组元素的类型可以是任何类型，当它是字符型时，我们称它为字符数组。

由于字符数组与字符类型的应用是计算机非数值处理的重要方面之一，所以我们把它们两个放在一起进行讨论。

字符类型为由一个字符组成的字符常量或字符变量。

字符常量定义：

```
const 字符常量='字符'
```

字符变量定义：

```
char 字符变量;
```

字符类型是一个有序类型，字符的大小顺序按其 ASCII 代码的大小而定。

三、字符数组

字符数组是指元素为字符的数组。字符数组用来存放字符序列或字符串。字符数组也有一维、二维和三维之分。

1. 字符数组的定义格式

字符数组定义格式与一般数组相同，所不同的是数组类型是字符型，第一个元素同样是从 ch1[0] 开始，而不是 ch1[1]。具体格式如下：

```
[存储类型]char 数组名[常量表达式1]…
```

例如：

```
char ch1[5];//数组 ch1 是一个具有 5 个字符元素的一维字符数组
char ch2[3][5];//数组 ch2 是一个具有 15 个字符元素的二维字符数组
```

2. 字符数组的赋值

字符数组的赋值类似于一维数组，赋值分为数组的初始化和数组元素的赋值。初始化的方式分为字符初始化和字符串初始化两种，也有使用初始值表进行初始化的。

（1）用字符初始化数组。

例如：

```
char chr1[5]={'a','b','c','d','e'};
```

初始值表中的每个数据项是一个字符，用字符给数组 chr1 的各个元素初始化。当初始值个数少于元素个数时，从首元素开始赋值，剩余元素默认为空字符。

字符数组中可以存放若干个字符，也可以存放字符串。两者的区别是字符串有一结束符（'\0'）。反过来说，在一维字符数组中存放着带有结束符的若干个字符称为字符串。字符串是一维数组，但是一维字符数组不等于字符串。

例如：

```
char chr2[5]={'a','b','c','d','\0'};即在数组 chr2 中存放着一个字符串“abcd”。
```

（2）用字符串初始化数组。

用一个字符串初始化一个一维字符数组，可以写成下列形式：

```
char chr2[5]="abcd";
```

使用此格式要注意字符串的长度应小于字符数组的大小或等于字符数组的大小减 1。同理，对二维字符数组来讲，可存放若干个字符串，可使用由若干个字符串组成的初始值表给二维字符数组初始化。

例如：char chr3[3][4]={"abc","mno","xyz"}；在数组 ch3 中存放 3 个字

符串，每个字符串的长度不得大于3。

（3）数组元素赋值。

字符数组的赋值是给该字符数组的各个元素赋一个字符值。

例如：char chr[3]；

```
chr[0]='a';chr[1]='b';chr[2]='c';
```

对二维、三维字符数组也是如此。当需要将一个数组的全部元素值赋予另一数组时，不可以用数组名直接赋值的方式，要使用字符串拷贝函数来完成。

（4）字符常量和字符串常量的区别。

①两者的定界符不同，字符常量由单引号括起来，字符串常量由双引号括起来。

②字符常量只能是单个字符，字符串常量则可以是多个字符。

③可以把一个字符常量赋值给一个字符变量，但不能把一个字符串常量赋值给一个字符变量。

④字符常量占一个字节，而字符串常量占用字节数等于字符串的字节数加1。增加的一个字节中存放字符串结束标志'\0'。例如：字符常量 'a' 占一个字节，字符串常量 "a" 占两个字节。

四、字符串的输入与输出

字符串可以作为一维字符数组来进行处理，那么字符串的输入和输出可以按照数组元素来处理吗？如何将字符串 "hello" 存储到数组中呢？

1. 输入

从键盘输入一个字符串可以使用多种方式。

（1）采用for循环逐个输入（不含空格输入）。

```
for(int i=0;i<n;i++)
  {
    cin>>a[i];
  }
```

（2）采用 cin 语句输入（不含空格输入）。

```
cin >>数组名;
cin >>a;
```

（3）采用 gets 语句输入（含空格输入）。

```
gets(字符串名称);
```

【小信提示】

使用gets只能输入一个字符串。
例如：gets(s1,s2)；是错误的。使用gets，是从光标开始的地方读到换行符，也就是说读入的是一整行。

（4）采用 getline 语句输入（含空格输入）。

```
cin.getline(数组名,数组长度);
```

2. 输出

向屏幕输出一个字符串可以使用多种方式。

（1）使用 for 循环语句逐个输出。

```
for(int i=0;i<n;i++)
  {
    cout<<a[i];
  }
```

（2）使用 cout 语句输出。

```
cout <<数组名称;
cout <<a;
```

（3）使用 puts 语句输出。

```
puts(字符串名称);
```

【小信提示】

puts语句输出一个字符串和一个换行符。

五、字符串处理函数

系统提供了一些字符串处理函数，用来为用户提供一些字符串的运算。常用的字符串函数如表 5. 3. 1 所示。

表 5. 3. 1 常见字符串函数

函数格式	函数用法和作用
strcat（字符串名 1，字符串名 2）	将字符串 2 连接到字符串 1 后边，返回字符串 1 的值
strncat（字符串名 1，字符串名 2，长度 n）	将字符串 2 前 n 个字符连接到字符串 1 后边，返回字符串 1 的值
strcpy（字符串名 1，字符串名 2）	将字符串 2 复制到字符串 1 后边，返回字符串 1 的值
strncpy（字符串名 1，字符串名 2，长度 n）	将字符串 2 前 n 个字符复制到字符串 1 后边，返回字符串 1 的值
strcmp（字符串名 1，字符串名 2）	比较字符串 1 和字符串 2 的大小，比较的结果由函数带回； 如果字符串 1 > 字符串 2，返回一个正整数； 如果字符串 1 = 字符串 2，返回 0； 如果字符串 1 < 字符串 2，返回一个负整数
strncmp（字符串名 1，字符串名 2，长度 n）	比较字符串 1 和字符串 2 的前 n 个字符，函数返回值的情况同 strcmp 函数
strlen（字符串名）	计算字符串的长度，终止符'\0'不算在长度之内
strlwr（字符串名）	将字符串中大写字母换成小写字母
strupr（字符串名）	将字符串中小写字母换成大写字母

（1） strlen(str) 函数。

功能：用于计算字符串 str 中有效字符的个数

```
#include <iostream>
#include <cstring> //字符串函数头文件
using namespace std;
int main()
{
    char a[20] = {'h','e','l','l','o'};
    cout << strlen(a); //函数里只需写数组名称
    return 0;
}
```

（2）strcmp(str1,str2) 函数。

功能：两个字符串自左向右逐个字符相比（按 ASCII 值大小相比较），直到出现不同的字符或遇“\0”为止。

```
①"A" < "B"。
②"A" < "AB"。
③"Apple" < "Banana"。
④"A" < "a"。
⑤"compare" < "computer"。
```

是不是很简单，让我们一起通过几个实例来感受一下。

例 5－10：统计数字字符

【题目描述】

输入一串内容（长度不超过 1 000），统计出数字字符的个数，并输出其他字符（输出的字符不含数字字符）。

输入样例：

```
Abc12fds34
```

输出样例：

```
Abcfds
4
```

【参考程序】

```
#include <iostream>
#include <cstring>
using namespace std;
int main()
{
    char a[1001];
    int count=0;//计数器
    cin>>a;//字符数组直接输入,无须一个变量一个变量输入
    //从0到(a的有效长度-1)遍历数组每个变量
    for(int i=0;i<strlen(a);i++)
    {
        if(a[i]<='9'&&a[i]>='0')//ASCII码中数字字符
            count++;
        else
            cout<<a[i];
    }
    cout<<"\n"<<count;
    return 0;
}
```

例5-11：倒序输出字符

【题目描述】

输入一串内容（长度不超过1 000），将内容倒序输出。

输入样例：

```
abcdefghijk
```

输出样例：

```
kjihgfedcba
```

【参考程序】

方法一：

```
#include <iostream>
#include <cstring>
using namespace std;
int main()
```

```
{
    char a[1001],b[1001];
    cin >> a;
    for(int i =0;i < strlen(b);i ++)//倒序存放
      b[i] =a[strlen(a) -1 - i];
    cout << b;
    return 0;
}
```

方法二：

```
#include <iostream>
#include <cstring>
using namespace std;
int main()
{
    char a[1001];
    cin >> a;
    //索引从 a 的最后一个有效字符开始倒序访问
    for(int i =strlen(a) -1;i >=0;i --)
      cout << a[i];
    return 0;
}
```

例 5－12：输出字符串

【题目描述】

输入一串内容（长度不超过 1 000），将字符串所有字符按 a ~ z，A ~ Z 的顺序加 n(n <26)。z(Z) 的下一个字符为 a(A)。

输入样例：

```
1
Abz
```

输出样例：

```
Bca
```

【参考程序】

```
#include <iostream>
#include <cstring>
```

```
using namespace std;
int main()
{
    char a[1001];
    int n;
    cin >> n >> a;
    for(int i =0;i < strlen(a);i ++)
    {
        //在 +n 后,数据优先转换为整型数据,需要强制转为 char 类型
        if(a[i] +n > 'z'&&a[i] >= 'a'&&a[i] <= 'z')
            cout << (char)(a[i] +n -26);
        else if(a[i] +n > 'Z'&&a[i] >= 'A'&&a[i] <= 'Z')
            cout << (char)(a[i] +n -26);//如果字符加 n 后大于 Z
(z),则减 26
        else cout << (char)(a[i] +n);
    }
    return 0;
}
```

例 5－13：替换任务

【题目描述】

在应用计算机编辑文档的时候，我们经常遇到替换任务。如把文档中的“电脑”都替换成“计算机”。现在请你编程模拟一下这个操作。

输入两行内容，第一行是原文（长度不超过 200 个字符），第二行包含以空格分隔的两个字符 A 和 B，要求将原文中所有的字符 A 都替换成字符 B。注意：区分大小写字母。

输入样例：

```
I love China. I love Beijing.
I U
```

输出样例：

```
U love China. U love Beijing.
```

【分析】

首先要将给定的原文保存在字符数组里。然后在原文中，从头开始寻找字符 A，找到一个字符 A，便将其替换成字符 B；继续寻找下一个字符 A，找到了就替换，直到将原文都处理完。如下程序只能处理单个字符替换，无法处理单词替

换。I 与 U 中间只能有一个空格。程序如下：

```
#include <cstdio>
#include <iostream>
using namespace std;
int main()
{
    char st[200];
    char A,B;int i,n=0;
    while((st[n++]=getchar())!='\n')//将原文存放在字符数组 st 中
    A=getchar();getchar();B=getchar();//读取 A、B,中间 getchar()读空格
    for(i=0;i<n;i++)
        if(st[i]==A)cout<<B;
        else cout<<st[i];
    cout<<endl;
    return 0;
}
```

例 5－14：国家名排序

【题目描述】

对给定的 10 个国家名，按其字母的顺序输出。

```
#include <cstdio> //方法 1
#include <iostream>
#include <cstring>
using namespace std;
int main()
{
    char t[21],cname[11][21];
    for(int i=1;i<=10;++i)
        gets(cname[i]);     //gets 为专门读字符串的函数,读取一行字符串
    for(int i=1;i<=9;++i)
```

```
    {
        int k=i;
        for(int j=i+1;j<=10;++j)
            if(strcmp(cname[k],cname[j])>0)k=j;
        strcpy(t,cname[i]);
        strcpy(cname[i],cname[k]);
        strcpy(cname[k],t);
    }
    for(int i=1;i<=10;++i)
        cout<<cname[i]<<endl;
    return 0;
}
```

```
#include<algorithm>      //方法 2
#include<iostream>
#include<string>
using namespace std;
string cname[10];
int main()
{
   for(int i=0;i!=10;++i)
     getline(cin,cname[i]);
   sort(cname,cname+10);//利用 C++库函数排序
   for(int i=0;i!=10;++i)
     cout<<cname[i]<<endl;
   return 0;
}
```

六、练习

练习 1：自动修正

【题目描述】

大家都知道一些办公软件有自动将字母转换为大写的功能。输入一个长度不超过 100 且不包括空格的字符串。要求将该字符串中的所有小写字母变成大写字

母并输出。

输入样例：

```
hagongda666!
```

输出样例：

```
HAGONGDA666!
```

练习 2：恺撒密码

【题目背景】

甲同学有一天登录某网课平台时忘记密码了（他没绑定邮箱，也没绑定手机），于是便把问题抛给了你。

【题目描述】

甲同学虽然忘记密码，但他还记得密码是由一个字符串组成。密码是由原文字符串（由不超过 50 个小写字母组成）中每个字母向后移动 n 位形成的。'z'的下一个字母是'a'，如此循环。他现在找到了移动前的原文字符串及 n，请你求出密码。

输入格式：

第一行：n。

第二行：未移动前的一串字母。

输出格式：

一行，是甲同学的密码。

输入样例：

```
1
qwe
```

输出样例：

```
rxf
```

练习 3：语句解析

【题目描述】

一串长度不超过 255 的 PASCAL 语言代码，只有 a，b，c 三个变量，而且只有赋值语句，赋值只能是一个一位的数字或一个变量，每条赋值语句的格式是“[变量]：=[变量或一位整数]；”。未赋值的变量值为 0。输出 a，b，c 的值。

输入格式：

给 a，b，c 三个变量赋值，赋值只能是一个一位数字或者一个变量，未赋值的变量为 0。

输出格式：

输出 a，b，c 最终的值。

输入样例：

```
a：=3；b：=4；c：=5；
```

输出样例：

```
3 4 5
```

练习 4：慧慧的键盘

【题目背景】

慧慧有一个只有两个键的键盘。

【题目描述】

一天，慧慧打出了一个只有这两个字符的字符串。当这个字符串里含有 VK 时，慧慧就特别喜欢这个字符串。所以，她想改变至多一个字符（或者不做任何改变）来最大化这个字符串内 VK 出现的次数。给出原来的字符串，请计算她最多能使这个字符串内出现多少次 VK（只有当 V 和 K 正好相邻时，我们认为出现了 VK）。

输入格式：

第一行给出一个数字 n，代表字符串的长度。

第二行给出一个字符串 s。

输出格式：

第一行输出一个整数代表所求答案。

输入样例：

```
2
VV
```

输出样例：

```
1
```

【说明】

对于 100% 的数据，$1 \leqslant n \leqslant 100$。

练习 5：口算练习题

【题目描述】

王老师正在教简单算术运算。细心的王老师收集了 i 道学生经常做错的口算题，并且想整理编写成一份练习。编排这些题目是一件烦琐的事情，为此他想用计算机程序来提高工作效率。王老师希望尽量减少输入的工作量，比如 5 + 8 的算式最好只要输入 5 和 8，输出的结果要尽量详细以方便后期排版的使用，比如对于上述输入进行处理后输出 5 + 8 = 13 以及该算式的总长度 6。王老师把这个光荣的任务交给你，请你帮他编程实现以上功能。

输入格式：

第一行输入数值 i，接着的 i 行为需要输入的算式，每行可能有三个或两个数据。

若该行有三个数据则第一个数据表示运算类型，a 表示加法运算，b 表示减法运算，c 表示乘法运算，接着的两个数据表示参加运算的运算数。

若该行有两个数据，则表示本题的运算类型与上一题的运算类型相同，这两个数据为运算数。

输出格式：

输出 $2 \times i$ 行。对于每个输入的算式，输出完整的运算式及结果，第二行输出该运算式的总长度。

输入样例：

```
4
a 64 46
275 125
c 11 99
b 46 64
```

输出样例：

```
64 + 46 = 110
9
275 + 125 = 400
11
11 * 99 = 1089
10
46 - 64 = -18
9
```

【说明】

数据规模与约定：$0 < i \leqslant 50$。

运算数为非负整数且小于 10 000。

对于 50% 的数据，输入的算式都有三个数据，第一个算式一定有三个数据。

你很棒哦！那我们一起综合实战检验一下学习成果吧！

第四节　数组综合实战

例 5-15：走阶梯

【题目描述】

一个楼梯有 n 级，小苏同学从下往上走，一步可以跨一级或两级。试求当他走到第 n 级楼梯时，共有多少种走法？

输入格式：

输入一行，即一个整数 n，$0 < n \leq 30$。

输出格式：

输出一行，有 n 个整数，之间用一个空格隔开，表示走到第 1 级，第 2 级，……，第 n 级分别有多少种走法。

输入样例：

```
2
```

输出样例：

```
1 2
```

【分析】

假设 f(i) 表示走到 i 级楼梯的走法，则走到第 $i(i>2)$ 级楼梯有两种可能：一种是从第 $i-1$ 级楼梯走过去；另一种是从第 $i-2$ 级楼梯走过去。

根据加法原理，总走法就是两种可能性加起来，即 $f(i)=f(i-1)+f(i-2)$，边界条件为：$f(1)=1$，$f(2)=2$。具体实现时，定义一维数组 f，用赋值语句从前往后对数组的每一个元素逐个赋值。初始 $f[1]=1$，$f[2]=2$，之后对于每个 $i>2$ 的元素赋值，规则是，$f[i]=f[i-1]+f[i-2]$。

程序如下：

```
#include <iostream>
using namespace std;
int main()
{
    int n,i,f[31];
    cin >> n;
    f[1] =1;f[2] =2;
    for(i =3;i <=n;i ++)
    {
        f[i] =f[i -1] +f[i -2];
    }
    for(i =1;i <=n;i ++)
    {
        cout << f[i] <<" ";
    }
    return 0;
}
```

例 5－16：幸运数

【题目描述】

判断一个正整数 n 是否能被一个“幸运数”整除。幸运数是指一个只包含 4 或 7 的正整数，如 7，47，477 等都是幸运数，17，42 则不是幸运数。

输入格式：

输入一行，为一个正整数 n，1≤n≤1 000。

输出格式：

输出一行，为一个字符串，如果能被幸运数整除输出 YES；否则输出 NO。

输入样例：

```
47
```

输出样例：

```
YES
```

【分析】

分析发现，1～1 000 范围内的幸运数只有 14 个。于是，将这 14 个幸运数直接存储到一个数组 lucky 中，再穷举判断其中有没有一个数能整除 n。

程序如下：

```
#include <iostream>
using namespace std;
int main()
{
    int n;
    int lucky[14] = {4,7,44,47,74,77,444,447,474,477,744,
    747,774,777};
    cin >> n;
    bool flag = false;
    for(int i = 0;i < 14;i ++)
    {
        if(n% lucky[i] == 0)
            flag = true;
    }
    if(flag)
        cout << "YES" << endl;
    else
        cout << "NO" << endl;
```

```
    return 0;
}
```

例 5-17：插队问题

【题目描述】

有 n 个人（每个人有一个唯一的编号，用 1 ~ n 的整数表示）在一个水龙头前排队准备接水，现在第 n 个人有特殊情况，经过协商，大家允许它插队到第 x 个位置。输出第 n 个人插队后的排队情况。

输入格式：

第一行 1 个正整数 n，表示有 n 个人，$2 < n \leqslant 100$。

第二行包含 n 个正整数，用空格间隔，表示队伍中的第 1 至第 n 个人的编号。

第三行包含 1 个正整数 x，表示第 n 个人插队的位置，$1 \leqslant x < n$。

输出格式：

输出一行，包含 n 个正整数，用空格间隔，表示第 n 个人插队后的排队情况。

输入样例：

```
7
7 2 3 4 5 6 1
3
```

输出样例：

```
7 2 1 3 4 5 6
```

【分析】

n 个人的排队情况可以用数组 q 表示，q[i] 表示排在第 i 个位置上的人。定义数组时多定义一个位置，然后重复执行：q[i+1]=q[i]，其中，i 从 n 到 x。最后再执行 q[x]=q[n+1]，输出 q[1] ~ q[n]。

程序如下：

```
#include <iostream>
using namespace std;
int main()
{
    int n,x,q[101],i;
    scanf("%d",&n);
    for(i=1;i<=n;i++)
    {
        scanf("%d",&q[i]);
    }
```

```
    scanf("%d",&x);
    for(i=n;i>=x;i--){
        q[i+1]=q[i];
    }
    q[x]=q[n+1];
    for(i=1;i<=n;i++){
        printf("%d ",q[i]);
    }
    return 0;
}
```

例 5-18：杨辉三角

【题目描述】

输入正整数 n，输出杨辉三角的前 n 行。例如，n=5 时，杨辉三角如下：

```
1
1 1
1 2 1
1 3 3 1
1 4 6 4 1
```

输入格式：一行一个正整数 n，$1 \leq n \leq 20$。

输出格式：共 n 行，第 i 行包含 i 个正整数，之间用一个空格隔开。

输入样例：

```
5
```

输出样例：

```
1
1 1
1 2 1
1 3 3 1
1 4 6 4 1
```

【分析】

定义一个二维数组 f 存储杨辉三角形。对于第 i 行（$1 \leq i \leq n$），共有 i 个数，其中第一个数 f[i][0] 和最后一个数 f[i][i-1] 都是 1，其他数 f[i][j]=f[i-1][j-1]+f[i-1][j]。

程序如下：

```
#include <iostream>
#include <cstring>
using namespace std;
int main()
{
    int f[100][100];
    int n;
    cin >> n;
    for(int i =0;i <n;i ++)
    {
        f[i][0] =f[i][i] =1;
        for(int j =1;j <i;j ++)
            f[i][j] =f[i -1][j -1] +f[i -1][j];
    }
    for(int i =0;i <n;i ++){
        for(int j =0;j <=i;j ++)
            printf("%6d",f[i][j]);
        putchar('\n');
    }
    return 0;
}
```

恭喜你，挑战成功！

第五节 综合练习

1. 压缩技术

【题目描述】

设某汉字由 N×N 的 0 和 1 的点阵图案组成。我们依照以下规则生成压缩码。连续一组数值：从汉字点阵图案的第一行第一个符号开始计算，按书写顺序从左到右，由上至下。第一个数表示连续有几个 0，第二个数表示接下来连续有几个 1，第三个数再接下来连续有几个 0，第四个数接着连续几个 1，以此类推。

例如以下汉字点阵图案：

```
0001000
0001000
0001111
0001000
0001000
0001000
1111111
```

对应的压缩码是：7 3 1 6 1 6 4 3 1 6 1 6 1 3 7（第一个数是 N，其余各位交替表示 0 和 1 的个数，压缩码保证 N × N = 交替的各位数之和）。

输入格式：

输入一行，压缩码。

输出格式：

汉字点阵图（点阵符号之间不留空格）。(3≤N≤200)

输入样例：

```
7 3 1 6 1 6 4 3 1 6 1 6 1 3 7
```

输出样例：

```
0001000
0001000
0001111
0001000
0001000
0001000
1111111
```

2. 压缩技术（续集版）

【题目描述】

设某汉字由 N × N 的 0 和 1 的点阵图案组成。我们依照以下规则生成压缩码。连续一组数值：从汉字点阵图案的第一行第一个符号开始计算，按书写顺序从上到下，由左到右。第一个数表示连续有几个 0，第二个数表示接下来连续有几个 1，第三个数再接下来连续有几个 0，第四个数接着连续几个 1，以此类推。

例如以下汉字点阵图案：

```
0001000
```

```
0001000
0001111
0001000
0001000
0001000
1111111
```

对应的压缩码是：7 3 1 6 1 6 4 3 1 6 1 6 1 3 7（第一个数是 N，其余各位交替表示 0 和 1 的个数，压缩码保证 N × N = 交替的各位数之和）。

输入格式：

汉字点阵图（点阵符号之间不留空格）。（3≤N≤200）

输出格式：

输出一行，压缩码。

输入样例：

```
0001000
0001000
0001111
0001000
0001000
0001000
1111111
```

输出样例：

```
7 3 1 6 1 6 4 3 1 6 1 6 1 3 7
```

3. 显示屏

【题目描述】

液晶屏上，每个阿拉伯数字都是可以显示成 3 × 5 的点阵的（其中 X 表示亮点，. 表示暗点）。现在给出数字位数（不超过 100）和一串数字，要求输出这些数字在显示屏上的效果。数字的显示方式如同样例输出，注意每个数字之间都有一列间隔。

输入样例：

```
10
0123456789
```

输出样例：

```
XXX. . . X. XXX. XXX. X. X. XXX. XXX. XXX. XXX. XXX
X. X. . . X. . . X. . . X. X. X. X. . . X. . . . . X. X. X. X. X
X. X. . . X. XXX. XXX. XXX. XXX. XXX. . . X. XXX. XXX
X. X. . . X. X. . . . . X. . . X. . . X. X. X. . . X. X. X. . . X
XXX. . . X. XXX. XXX. . . X. XXX. XXX. . . X. XXX. XXX
```

4. 数字反转

【题目描述】

给定一个整数，请将该数各位上数字反转得到一个新数。新数也应满足整数的常见形式，即除非给定的原数为0，否则反转后得到的新数的最高位数字不应为0。

输入格式：

输入为一行，一个整数N。

输出格式：

输出为一行，即一个整数，表示反转后的新数。

输入样例：	输出样例：
123	321
-380	-83

5. 数字反转（升级版）

【题目描述】

给定一个数，请将该数各位上数字反转得到一个新数。这个数可以是小数、分数、百分数或整数。

整数反转是将所有数位对调。

小数反转是把整数部分的数反转，再将小数部分的数反转，不交换整数部分与小数部分。

分数反转是把分母的数反转，再把分子的数反转，不交换分子与分母。百分数的分子一定是整数，百分数只改变数字部分。

输入格式：

一个数s。

输出格式：

一个数，即s的反转数。

输入样例：	输出样例：
5087462	2647805
600.084	6.48
700/27	7/72
8670%	768%

【说明】

25%是整数，不大于20位；

25%是小数，整数部分和小数部分均不大于10位；

25%是分数，分子和分母均不大于10位；

25%是百分数，分子不大于19位。

数据保证：

对于整数翻转而言，整数原数和整数新数满足整数的常见形式，即除非给定的原数为0，否则反转后得到的新数和原来的数字的最高位数字不应为0。

对于小数翻转而言，其小数点前面部分同上，小数点后面部分的形式，保证满足小数的常见形式，也就是末尾没有多余的0（小数部分除了0没有别的数，那么只保留1个0。若反转之后末尾数字出现0，请省略多余的0）。

对于分数翻转而言，分数不约分，分子和分母都不是小数。输入的分母不为0。见与整数翻转相关内容。

对于百分数翻转而言，见与整数翻转相关内容。

数据不存在负数。

恭喜你，挑战成功！

第六章

好用的工具——函数

第一节　制作工具——函数的定义和调用参数

一、代码的简化

例 6－1：哥德巴赫猜想

【题目描述】

哥德巴赫1742年在给欧拉的信中提出了以下猜想：任意大于2的偶数都可写成两个质数之和。但是哥德巴赫自己无法证明，于是就写信请教赫赫有名的大数学家欧拉帮忙证明，但是欧拉最终也无法证明。

这个问题一直影响着众多的数学爱好者，一代代人都为了这个问题的证明不停地努力着。其中我国数学家陈景润也对这个问题的证明做出了突出的贡献。

输入一个偶数 n（n≤10 000），验证 4 ~ n 所有偶数是否符合哥德巴赫猜想：

任一大于 2 的偶数都可写成两个质数之和。如果一个数不止一种分法，则输出第一个加数相比其他分法最小的方案。例如 10，10 = 3 + 7 = 5 + 5，则 10 = 5 + 5 是错误答案。输入一个 n，输出 4 = 2 + 2，6 = 3 + 3，…，n = x + y。

输入样例：

```
10
```

输出样例：

```
4 = 2 + 2
6 = 3 + 3
8 = 3 + 5
10 = 3 + 7
```

【分析】

这道题要求如果一个数不止一种分法，那么输出第一个加数最小的方案。

例如 10 = 3 + 7 = 5 + 5，则应该输出 3 + 7，不能输出 5 + 5，输入只有一个数 n。输出有很多行，依次是从 4 ~ n 的偶数，每一行输出这个偶数的拆分方案，样例里 4 = 2 + 2，6 = 3 + 3，8 = 3 + 5，10 = 3 + 7。

首先我们要用到判断质数的程序模块，用输入的数依次除以 2 到它本身看有没有除了 1 和它本身之外的因子，如果有返回 0；否则就返回 1。

然后我们还需要一个程序模块来找划分方案，我们从 2 开始枚举 i，判断 i 和 a - i 是否都是质数，并且按照题目要求把 a 拆分成两个质数的和。我们需要调用判断质数这个程序模块。如果 i 和 a - i 的返回值都是 1，说明 i 和 a - i 都是质数，那么 a 这个数就满足我们的题目要求；随之我们就可以输出 a = i + a - i；返回 0。因为 i 是从小到大枚举，所以最先找到的方案的第一个加数一定是最小的。

主函数，输入一个数 n，我们要对 4 ~ n 中的每一个偶数都进行验证；所以 for 循环从 4 开始到 n 结束，每次 i += 2；然后对枚举的每个 i，我们调用划分方案模块来找方案，这样就满足了题目要求。

是不是很简单，那我们来看看程序是如何运行的？
在编写这个程序时，我们还需要注意哪些细节？

【参考代码】

```
#include <iostream>
```

```
using namespace std;
bool isPrime(int x)
{
    if(x<2)
        return false;
    for(int i=2;i*i<=x;i++)
    {
        if(x%i==0)
        {
            return false;//一旦有1和X外的因子,则返回0
        }
    }
    return true;
}
int divide(int a)
{
    for(int i=2;i<=a-2;i++)
    {
        if(isPrime(i)&&isPrime(a-i))//如果i和a-i都是质
数,则输出结果,函数值返回0
        {
            cout<<a<<"=";
            cout<<i<<"+";
            cout<<a-i<<endl;
            return 0;
        }
    }
}
int main()
{
    int n;
    cin>>n;
```

```
    for(int i =4;i <=n;i +=2)divide(i);//从 4 开始,4 是最小的
由两个 2 组成
    return 0;
}
```

【总结】

通常，在程序设计中，我们会发现一些程序段在程序的不同地方反复出现，此时可以将这些程序段作为相对独立的整体，用一个标识符给它起一个名字，程序中出现该程序段的地方，只要简单地写上其标识符即可。因为是用户自行定义的函数，为了能够与系统已经定义好的函数进行区分，一般称之为自定义函数。自定义函数的使用不仅缩短了程序，节省了内存空间及程序的编译时间，而且有利于结构化程序设计。因为一个复杂的问题总可将其分解成若干个子问题来解决。这样编制的程序结构清晰，逻辑关系明确，无论是编写、阅读、调试还是修改，都会有极大的好处。

二、函数的概念

1. 函数定义的语法形式

(1) 函数定义。

```
数据类型  函数名(形式参数表)
{
  函数体 //执行语句
}
```

【说明】

函数的数据类型是函数的返回值类型（若数据类型为 void，则无返回值）。函数名是标识符，一个程序中除了主函数名必须为 main 外，其余函数的名字按照标识符的取名规则可以任意选取，最好取有助于记忆的名字。

函数中最外层一对大括号“{ }”括起来的若干个说明语句和执行语句组成了一个函数的函数体。由函数体内的语句决定该函数功能。函数体实际上是一个复合语句，它可以没有任何类型说明而只有语句，也可以两者都没有，即空函数。

如：

```
int main()
{
```

```
    … //执行语句
}
```

其中 int 是该函数返回值的类型，main 是函数的名称，名称可以根据实际需求进行不同的命名，圆括号里面是函数的参数列表，最后大括号里面的就是函数体。

【小信提示】

main函数也叫主函数，main函数的功能就是整个程序的功能。写代码时必须要有一个main函数。

（2）函数的声明。

调用函数之前先要声明函数原型。在主调函数中，或所有函数定义之前，按如下形式声明：

```
类型说明符 被调函数名(含类型说明的形参表)
```

如果是在所有函数定义之前声明了函数原型，那么该函数原型在本程序文件中任何地方都有效，也就是说在本程序文件中任何地方都可以依照该原型调用相应的函数。如果是在某个主调函数内部声明了被调用函数原型，那么该原型就只能在这个函数内部有效。例如：

```
#include <iostream>
using namespace std;
int isPrime(int x)
{
    … //执行语句
}
int divide(int a)
{
    … //执行语句
}
```

```
int main()
{
    int n;
    cin >> n;
    for(int i = 4;i <= n;i += 2)divide(i);
    return 0;
}
```

函数 isPrime(int x) 开始定义了一个返回值类型是 int 整型、名字为 isPrime、参数类型为 int、名称为 x、函数体的内容是判断素数的语句。我们可以大概猜出来，这个名字叫 isPrime 函数的功能就是判断一个数是否是素数，我们给函数命名时就要注意名字能够尽量说明函数的功能，让代码更加容易阅读；往下接是 divide(int a) 函数和 main 函数。main 函数是主函数，也就是程序运行的起点。main 函数里，“divide(i);”就实现了函数的调用，我们不用在主函数里写相关的计算程序，也可以通过调用函数来实现功能。

(3) 函数的参数与返回值。

在组成函数体的各类语句中，值得注意的是返回语句 return。

它的一般形式是:

```
return(表达式);
```

例如下面这个函数:

```
int isPrime(int x)
{
    {
        … //执行语句
            return 0;
    }
    return 1;
}
```

return 0，return 1 功能是把程序流程从被调函数转向主调函数并把表达式的值带回主调函数，实现函数的返回。所以，在圆括号表达式的值实际上就是该函数的返回值。其返回值的类型即为它所在函数的函数类型。当一个函数没有返回值时，函数中可以没有 return 语句，直接利用函数体的右大括号“}”，作为没有返回值的函数的返回。也可以有 return 语句，但 return 后没有表达式。返回语句的另一种形式是：

```
return;
```

（4）函数的传值。

函数传值调用的特点是将调用函数的实参表中的实参值依次对应地传递给被调用函数的形参表中的形参。要求函数的实参与形参个数相等，并且类型相同，如 main 函数中调用 divide 函数。函数的调用过程实际上是对栈空间的操作过程，因为调用函数是使用栈空间来保存信息的。函数在返回时，如果有返回值，则将它保存在临时变量中。然后恢复主调函数的运行状态，释放被调用函数的栈空间，按其返回地址返回到调用函数。在 C++ 语言中，函数调用方式分传值调用和传址调用。

①传值调用。

这种调用方式是将实参的数据值传递给形参，即将实参值拷贝一个副本存放在被调用函数的栈区中。在被调用函数中，形参值可以改变，但不影响主调函数的实参值。参数传递方向只是从实参到形参，简称单向值传递。

```
#include <iostream>
using namespace std;
int divide(int a)
{
   … //执行语句
}
int main()
{
   //执行语句
     for(int i=4;i<=n;i+=2)divide(i);
     return 0;
}
```

main 函数中的 i 值进入 divide 函数，divide 函数 a 初始为被传递进来的 i 的值，但是 main 函数里 i 的值没有变化。

②传址调用。

这种调用方式是将实参变量的地址值传递给形参，这时形参实际是指针，即让形参的指针指向实参地址。这里不再是将实参拷贝一个副本给形参，而是让形参直接指向实参，这就提供了一种可以改变实参变量的值的方法。

```
#include <iostream>
using namespace std;
void test(int &a)
{
    a =1;
    cout << a;
}
int main()
{
    int x =0;
    test(x);
    cout << x;
    return 0;
}
```

【运行结果】

```
1
1
```

右边参数变量名前多一个地址符，就表示是引用类型。test 的参数 a 是引用，也就是说 a 就是调用时传进来的变量 x，在这里改变 a 的话，外面调用时的 x 也会跟着被改变。所以 a =1 也就是让 main 函数里的 x =1，输出 a 也就是输出 x。所以运行结果是 1，1。

2. 函数的调用

调用函数时需要有与定义和声明时个数和类型一致的实际参数。

```
#include <iostream>
using namespace std;
int isPrime(int x)
{
    … //执行语句
}
int divide(int a)
{
```

```
        … //执行语句
        if(isPrime(i)&&isPrime(a - i))
        … //执行语句
    }
    int main()
    {
        … //执行语句
        for(int i =4;i <=n;i +=2)divide(i);
        return 0;
    }
```

例如：divide 函数参数是 int 型，那么在调用 divide 的时候，实际参数就应该是 int 型，在调用的时候也应该和定义的一致，而且只能是一个参数，参数的个数也需要和定义的保持一致。

既然主函数可以调用我们定义的函数，那么我们所定义的函数能不能调用其他函数呢？答案是可以的，这样的调用我们称为函数的嵌套，就是在函数中调用其他函数。

代码里定义了两个函数 isPrime(int x)，divide(int a)，仔细看，我们在定义的 divide(int a) 函数中调用了 isPrime(int x) 函数，这个调用被称为函数的嵌套。在函数中调用其他函数也要遵循我们之前讲的原则。如果被调用的函数在函数之前定义，则可以省略在函数中的声明；如果被调用的函数在函数之后定义，那么必须要在调用之前进行函数声明。

运行时先进入 main 主函数，从 main 主函数进入 divide 函数，再从 divide 函数调用 isPrime 函数。

3. 数组作为函数参数

除了可以用数组元素作为函数参数外，还可以用数组名作函数参数（包括实参和形参）。应当注意的是：用数组元素作实参时，向形参变量传递的是数组元素的值，而用数组名作函数实参时，向形参（数组名或指针变量）传递的是数组首元素的地址。

（1）一维数组名作函数参数。

例如：

【题目描述】

有一个一维数组 score，内放 10 个学生成绩，求平均成绩。

【小信分析】

用一个函数average来求平均成绩，不用数组元素作为函数实参，而是用数组名作为函数实参，形参也用数组名，在average函数中引用各数组元素，求平均成绩并返回main函数。

【参考程序】

```
#include <iostream>
using namespace std;
int main()
{
    float average(float array[10]);//函数声明
    float score[10],aver;
    int i;
    cout << "input 10 scores:" << endl;
    for(i = 0;i < 10;i ++)
        cin >> score[i];
    aver = average(score);
    cout << "average score is " << aver;
    return 0;
}
float average(float array[10])
{
   int i;
   float aver,sum = array[0];
   for(i = 1;i < 10;i ++)
       sum = sum + array[i];
   aver = sum/10;
  return(aver);
}
```

【分析】

用数组名作函数参数，应该在主调函数和被调用函数分别定义数组，上例中 array 是形参数组名，也是实参数组名，分别在其所在函数中定义，不能只在一方定义。实参数组与形参数组类型应一致，如不一致，结果将出错。在定义 average 函数时，只是将实参数组的首元素的地址传给形参数组名。因此，形参数组名获得了实参数组的首元素的地址。

（2）二维数组名作函数参数。

多维数组元素可以作函数参数，这点与前述的情况类似。

可以用多维数组名作为函数的实参和形参，在被调用函数中对形参数组定义时可以指定每一维的大小，也可以省略第一维的大小说明。例如：

```
int array[3][10];
或 int array[][10];
```

二者都合法而且等价。但是不能把第二维以及其他高维的大小说明省略。如下面的定义是不合法的：

```
int array[10][];
```

这是为什么呢？前已说明，二维数组是由若干个一维数组组成的，在内存中，数组是按行存放的，因此，在定义二维数组时，必须指定列数（即一行中包含几个元素），由于形参数组与实参数组类型相同，所以它们是由具有相同长度的一维数组所组成的。

例如：

【题目描述】

有一个 3×4 的矩阵，求所有元素中的最大值。

解题思路：先使变量 max 的初值等于矩阵中第 1 个元素的值，然后将矩阵中各个元素的值与其相比，每次比较后都把“大者”存放在 max 中，全部元素比较完后的值就是所有元素的最大值。

【参考程序】

```
#include <iostream>
using namespace std;
int max_value(int array[][4])
{
    int max;
    max=array[0][0];
```

```
    for(int i=0;i<3;i++)
    {
        for(int j=0;j<4;j++)
        {
            if(array[i][j]>max)
            {
                max=array[i][j];
            }
        }
    }
    return max;
}
int main()
{
   int max_value(int array[][4]);
   int a[3][4];
   for(int i=0;i<3;j++)
   for(int j=0;j<4;j++)
   cin>>a[i][j];
   cout<<"max_value="<<max_value(a);
   return 0;
}
```

【分析】

形参数组 array 的第一维大小省略，第二维大小不能省略，而且要和实参数组的第二维大小相同。在主函数调用 max_value 函数时，把实参数组 a 的第 1 行的起始地址传递给形参数组 array，因此 array 数组第 1 行的起始地址与 a 数组的第 1 行的起始地址相同。由于两个数组的列数相同，因比 array 数组第 2 行的起始地址与 a 数组的第 2 行的起始地址相同。

三、练习

练习 1：第 n 小的质数

【题目描述】

输入一个正整数 n，求第 n 小的质数。

输入格式：

一个不超过 10 000 的正整数 n。

输出格式：

输第 n 小的质数。

输入样例：

```
10
```

输出样例：

```
29
```

练习 2：距离函数

【题目描述】

给出平面坐标上不在一条直线上三个点坐标（x_1，y_1），（x_2，y_2），（x_3，y_3），坐标值是实数，且绝对值不超过 100.00，求围成的三角形周长。保留两位小数。

对于平面上的两个点，则这两个点之间的距离为：

$dis = \sqrt{(x2 - x1)^2 + (y2 - y1)^2}$。

输入样例：

```
0 0 0 3 4 0
```

输出样例：

```
12.00
```

练习 3：质数筛

【题目描述】

输入 n(n≤100) 个不大于 100 000 的整数。去除掉不是质数的数字，依次输出剩余的质数。

输入样例：

```
5
3 4 5 6 7
```

输出样例：

```
3 5 7
```

小练习的程序是否都完成了呢？如果没有完成，别着急，再学习一遍理论部分吧。

第二节 工具的使用范围——函数的变量作用域

一、局部变量

在函数或一个代码块内部声明的变量，称为局部变量。它们只能被函数内部或者代码块内部的语句使用。

```
#include <iostream>
using namespace std;
int main()
{
    //局部变量声明
    int a,b;
    int c;
    //实际初始化
    a=10;
    b=20;
    c=a+b;
    cout << c;
    return 0;
}
```

顾名思义，局部变量就是在一定小范围内可以起作用的变量。我们定义局部变量时定义在函数体里面，这样在这个函数执行的时候才可以读取到所定义的变量。我们定义了 a=10，b=20，所以输出 c 就等于 30。

【小信提示】

局部变量的作用域只有函数内部，在函数的外部则不起作用。在该函数运行结束后，该定义会立即释放，所以在函数外部我们是无法使用的。

二、全局变量

定义在函数外部没有被大括号括起来的变量称为全局变量，全局变量的作用域是从变量定义的位置开始到文件结束。由于全局变量是在函数外部定义的，因此对所有函数而言都是外部的，可以在文件中位于全局变量定义后面的任何函数中使用。

```
#include <iostream>
using namespace std;
int main()
{
    cout << "a:" << a << endl;
    return 0;
}
int a=10;
```

上面这个程序是否存在问题？如果有问题，是出在哪里呢？

当同学们试着运行程序的时候会发现程序会报错，会提示找不到变量 a。我们要知道，程序编译过程是一行行从头开始编译的，当编译到 cout << "a:" << a 的时候，它找不到 a 的定义，所以编译就会报错。我们想解决这个问题，当然会把全局变量移到 main 函数头部之前。

其实还有另一种办法，我们可以用一个关键字 extern。

extern 这个关键字的意思是声明的变量在文件其他位置有定义，那么编译器会先去找到这个定义，这样再用到所定义的内容。

那么我们再去运行程序会发现编译没有报错，可以执行出正确的结果。

```
#include <iostream>
using namespace std;
int main()
{
    extern int a;
    cout << "a:" << a << endl;
    return 0;
}
int a =10;
```

三、静态变量

静态变量和全局变量相同，它的生存期为整个源程序，如表 6.2.1 所示。但作用域有所不同，若定义局部静态变量，局部静态变量的作用域与自动变量相同，只能在定义该变量的函数内使用该变量。退出函数后，尽管该变量还继续存在，但不能使用它。

表 6.2.1　静态变量与全局变量比较

	静态变量	全局变量
生存期	整个源程序	整个源程序
作用域	代码块	整个源程序

```
#include <iostream>
using namespace std;
int count =1;
int fun(){
    static int count =10; //使用 static 关键字声明静态变量
    return count --;
}
int main(){
```

```
    cout << "global " << "local static" << endl;
    for(;count <=10;count ++)
    {
        cout << count << "   " << fun() << endl;
    }
    return 0;
}
```

【运行结果】

```
global local static
1   10
2   9
3   8
4   7
5   6
6   5
7   4
8   3
9   2
10  1
```

我们观察打印结果，第一列我们很容易可以看懂，它是利用循环打印出了1到10，再看看第二列，fun（）应该每一次都是10，为什么会每一次输出结果都递减呢?

这就是局部静态变量的特点，它的作用不仅不能作用定义的函数之外，而且不会被立即释放，它每次执行完之后会将结果存储在静态存储区，也就是下一次用到的是上一次执行后的结果。这样就可以打印出10到1。

我们也常说局部静态变量具有记忆功能，每次执行的结果会被保留。

第三节 递归函数

一、生活中的递归

1. 德罗斯特效应

两面镜子相对放置，然后在两面镜子中间摆放一个小玩偶，如图 6.3.1 所示。然后你从某个上方位置斜视，大家猜一猜会看到什么呢？

图 6.3.1 德罗斯特效应

如图 6.3.1 图所示，我们可以看到两面镜子里都有一个多面镜子，貌似相连的走廊，“你中有我，我中有你”，无数个小玩偶连成了一串。

德罗斯特效应（Droste Effect）是递归的一种视觉形式，是指一张图片的某个部分与整张图片相同，如此产生无限循环。

2. 老和尚讲故事

小和尚睡觉前总要找老和尚给他讲睡前故事，直到有一天老和尚实在无故事可讲了。但是小和尚还要缠着老和尚要故事听，否则小和尚睡不着觉。老和尚灵机一动，开始讲起来故事："从前有座山，山里有座庙，庙里有个老和尚在讲故事：从前有座山，山里有座庙，庙里有个老和尚在讲故事：从前有座山，山里有座庙，庙里有个老和尚在讲故事……"

生活中的递归与程序中的递归函数有相似之处，也有不同之处。相似之处都存在循环，都调用了自己，不同之处在于生活中有些递归现象是无限递归，而递归函数是有终止条件的。那么在程序中，什么是递归函数呢？

二、递归概念

在函数的定义中，其内部操作直接或间接地出现对自身的调用，则称这样的程序嵌套为递归。

递归通常把一个大型复杂的问题层层转化为一个与原问题相似的规模较小的问题来求解。递归策略只需少量的程序就可描述出解题过程所需要的多次重复计算，大大地减少了程序的代码量。

例如，在数学上，所有偶数的集合可递归地定义为：

（1）0 是一个偶数。

（2）一个偶数与 2 的和是一个偶数。

可见，仅需两句话就能定义一个由无穷多个元素组成的集合。在程序中，递归是通过函数的调用来实现的。函数直接调用其自身，称为直接递归；函数间接调用其自身，称为间接递归。

递归的能力在于用有限的语句来定义对象的无限集合。用递归思想写出的程序往往简洁、易懂！

三、递归应用

例 6-2：用递归算法求 x^n

【分析】把 x^n分解成：

$x^0=1\ (n=0)$

$x^1=x\times x^0\ (n=1)$

$x^2=x\times x^1\ (n>1)$

$x^3=x\times x^2\ (n>1)$

$\cdots\ (n>1)$

因此将 x^n转化为：$x\times x^{n-1}$，其中求 x^{n-1}又用求 x^n的方法进行求解。

①定义子程序 xn(int n) 求 x^n；如果 $n\geqslant1$，则递归调用 xn(n-1) 求 x^{n-1}。

②当递归调用到达 n=0 时，终止调用，然后执行本"层"的后继语句。

③遇到子程序运行完，就结束本次的调用，返回到上一"层"调用语句的地方，并执行其后继语句。

④继续执行步骤③，从调用中逐"层"返回，最后返回到主程序。

【参考程序】

```
#include <iostream>
using namespace std;
int xn(int);
int x;
int main()
{
    int n;
    cin >> x >> n;
    cout << x << '^' << n << "=" << xn(n) << endl;
    return 0;
}
int xn(int n)
{
    if(n==0)return 1;           //递归边界
    else return x * xn(n-1); //递归式
}
```

例 6－3：用递归函数求 x!

$$x!\begin{cases}x(x-1)! & (x>0)\\1 & (x=0)\end{cases}$$

【分析】

根据数学中的定义把求 x！定义为求 x(x－1)!，其中求（x－1)！仍采用求 x！的方法，需要定义一个求 x！的函数，逐级调用此函数，即：

当 x=0 时，x!=1；当 x>0 时，x!=x(x－1)!。

假设用函数 fac(x）表示 x 的阶乘，当 x=3 时，fac(3）的求解方法可表示为：

```
fac(3)=3* fac(2)=3* 2* fac(1)=3* 2* 1* fac(0)=3* 2* 1*
1=6
```

(1）定义函数：int fac(int n)。

如果 n=0，则 fac=1；如果 n>0，则继续调用函数 fac=n*fac(n－1)；

(2）返回主程序，打印 fac(x）的结果。

它的执行流程如图 6.3.2 所示。

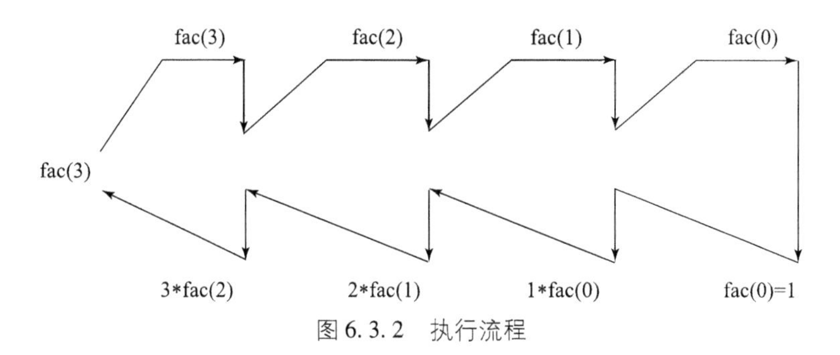

图 6.3.2　执行流程

【参考程序】

```
#include <iostream>
using namespace std;
int fac(int);
int main()
{
    int x;
    cin >> x;
```

```
    cout << x << "!=" << fac(x) << endl; //主程序调用 fac(x)求 x!
    return 0;
}
int fac(int n)                              //函数 fac(n)求 n !
{
    return n==0? 1:n * fac(n-1);  //调用函数 fac(n-1)递归求
(n-1)!
}
```

【小信提示】

三元运算符"?:"。"a?b:c"的含义是：如果a为真，则表达式的值是b，否则是c。

所以"n==0? 1:n * fac(n-1)"很好地表达了刚才的递归定义。

例 6-4：汉诺塔

汉诺塔（又称"河内塔"）是源于印度一个古老传说的益智玩具。据传说，大梵天创造世界的时候做了三根金刚石柱子，在一根柱子上从下往上按照大小顺序摞着 64 片黄金圆盘。大梵天命令婆罗门把圆盘从下面开始按大小顺序重新摆放在另一根柱子上。如图 6.3.3 所示，有三根柱子（编号 A，B，C），在 A 柱子自下而上、由大到小按顺序放置 n 个圆盘。把 A 柱子上的圆盘全部移到 C 柱子上，并仍保持原有顺序叠好。每次只能移动一个圆盘，并且在移动过程中三根杆上都始终保持大盘在下、小盘在上，操作过程中圆盘可以置于 A，B，C 任一杆上。现要求设计将 A 柱子上 n 个圆盘搬移到 C 柱子去的方法。

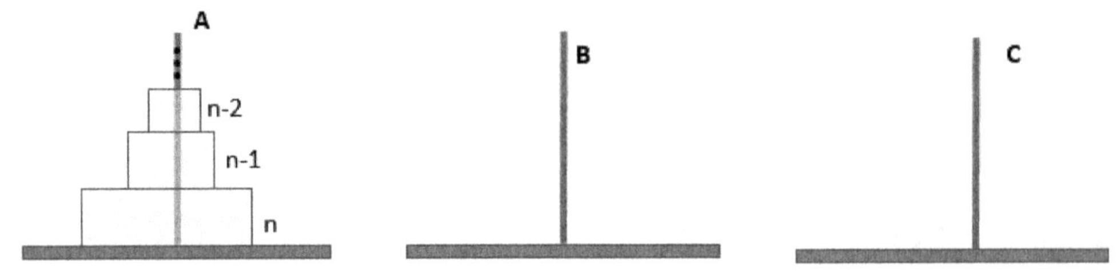

图 6.3.3 汉诺塔

【分析】

为了将A中的n个圆盘移到C中，我们先分析一下n分别等于1，2，3的简单情况，在进行移动之前我们有如下约定：

（1）move(n，A，B，C）表示将n个圆盘从A借助B移到C中。

（2）move(1，A，C，B）表示将1个圆盘从A移到B中。

第一种情况：

n＝1，如图6.3.4所示，将A中的①直接移动到C，move(1，A，B，C)（直接从一个柱移动到另一个柱）

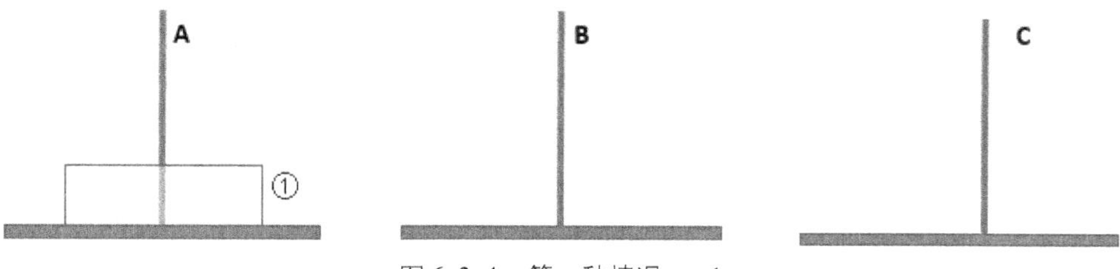

图6.3.4　第一种情况n＝1

第二种情况：

n＝2，如图6.3.5所示，分3步。

第一步：将①从A移动到B，move(1，A，C，B）（直接从一个柱移动到另一个柱）。

第二步：将②从A移动到C，move(1，A，B，C）（直接从一个柱移动到另一个柱）。

第三步：将①从B移动到C，move(1，B，A，C）（直接从一个柱移动到另一个柱）。

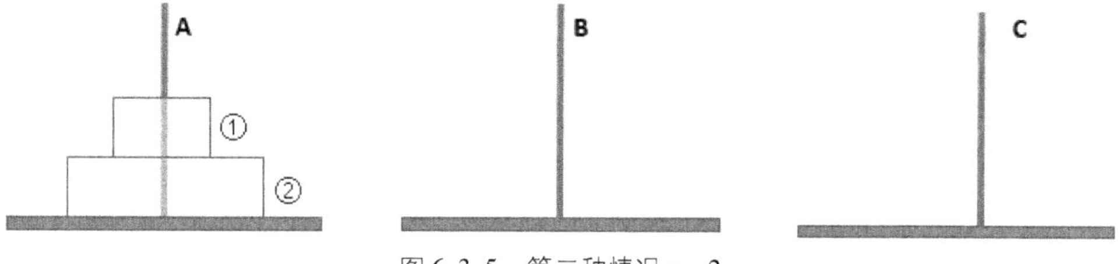

图6.3.5　第二种情况n＝2

第三种情况：

n＝3，如图6.3.6所示，分3步。

第一步：将①和②从A借助C移到B，move(2，A，C，B)。

第二步：将③从 A 移到 C，move(1，A，B，C)（直接从一个柱移动到另一个柱）。

第三步：将①和②从 B 借助 A 移到 C，move(2，B，A，C)。

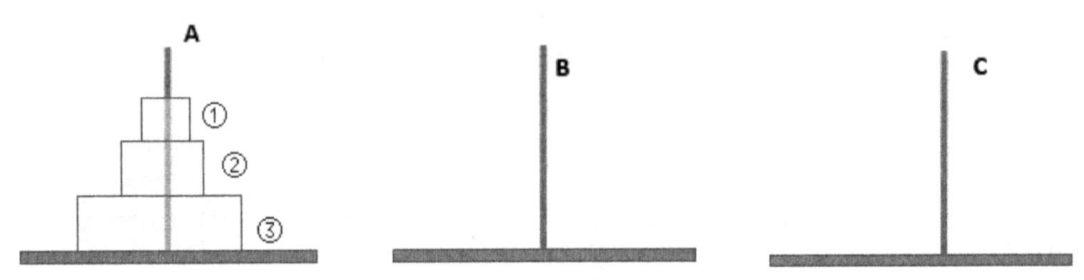

图 6.3.6 第三种情况 n = 3

第四种情况：

圆盘为 n 的时候，如图 6.3.7 所示，分 3 步。

第一步：将 A 中前 n－1 个圆盘借助 C 移到 B 中，move(n－1，A，C，B)。

第二步：将 A 中的第 n 个圆盘移到 C 中，move(1，A，B，C)。

第三步：将 B 中的 n－1 个圆盘借助 A 移到 C 中，move(n－1，B，A，C)。

那么第一步 move(n－1，A，C，B）和第三步 move(n－1，B，A，C）的实现又可以重复利用同样的思想，直到 n－2，n－3，…，3，2，1 就可以直接一步到位，如 move(1，A，B，C)。

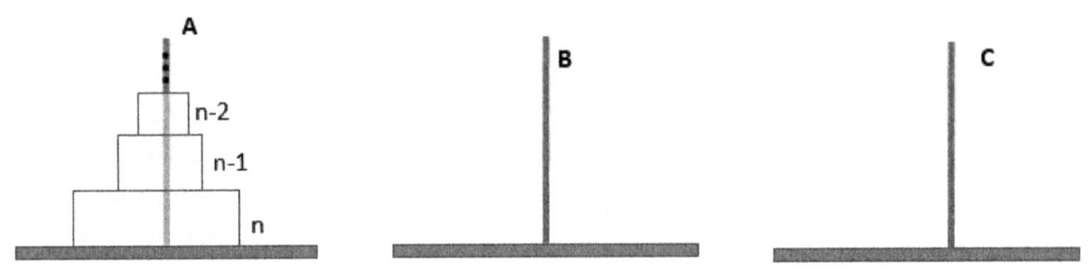

图 6.3.7 第四种情况 n = n

【参考程序】

```
#include<iostream>
using namespace std;
void move(int n,char A,char B,char C)
{
    if(n==1)
```

```
    {
        cout << A << " -> " << C << endl;
        return; //递归终止
    }
    move(n - 1,A,C,B); //将 n-1 个盘子从 A 移到 B
    cout << A << " -> " << C << endl;
    move(n - 1,B,A,C); //将 n-1 个盘子从 B 移到 C
}
int main()
{
    char A = 'A',B = 'B',C = 'C';
    int n;
    cout << "请输入圆盘数量:";
    cin >> n;
move(n,A,B,C);
    return 0;
}
```

你发现了吗？在数学中非常复杂的分析过程，在编程世界中几行简短的代码就可以实现啦。

四、练习

练习1：数的计算

【题目描述】

我们要求找出具有下列性质数的个数（包含输入的正整数 n）。先输入一个正整数 n（n≤1 000），然后对此正整数按照如下方法进行处理：

（1）不作任何处理。

（2）在它的左边加上一个正整数，但该正整数不能超过原数的一半。

（3）加上数后，继续按此规则进行处理，直到不能再加正整数为止。

输入格式：

1 个正整数 n（n≤1 000）。

输出格式：

1 个整数，表示具有该性质数的个数。

输入样例 1：

```
6
```

输出样例：

```
6
```

输入样例 2：

```
8
```

输出样例：

```
10
```

练习 2：波兰表达式

【题目描述】

波兰表达式是一种把运算符前置的算术表达式，例如普通的表达式 2 +3 的波兰表示法 +2 3。波兰表达式的优点是运算符之间不必有优先级关系，也不用括号，例如（2 +3）*4 的波兰表达式为 * +2 3 4；本题求解波兰表达式的值，其中运算符只有 *，+，-，/。每个数据最多不超过 100。

输入格式：

输入数据有多组，每组一行表达式，其中运算符和运算数之间用空格表示，每行不超过 100 个字符。

输出格式：

输出结果值。

输入样例：

```
* + 11.0 12.0 + 24.0 25.0
```

输出样例：

```
1357.000000
```

练习 3：放苹果

【题目描述】

把 m 个同样的苹果放在 n 个同样的盘子里，允许有的盘子空着不放，问共有多少种不同的分法。(5，1，1 和 1，1，5 是同一种方法)。

输入格式：

第一行是测试数据的数目 t，以下每行均包括两个整数 m 和 n，以空格分开。

输出格式：

对输入的每组数据 m 和 n，用一行输出相应的结果。

输入样例：

```
1
7 3
```

输出样例：

```
8
```

第四节　函数综合运用 1

例 6－5：曼哈顿距离

【题目描述】

在一个平面上给出两个点的坐标，求两点之间的曼哈顿距离。（提示：假设平面上有两个点 $A(x_1, y_1)$，$B(x_2, y_2)$，那么曼哈顿距离为：$|x_1 - x_2| + |y_1 - y_2|$）。

输入样例：	输出样例：
1.1 1.4 2.4 0.8	1.9

【分析】

利用所学的数学知识想想这题的解法。

解答这道题的关键是求两个绝对值 $|x_1 - x_2|$ 和 $|y_1 - y_2|$ 的值。如果 x_1 大于或等于 x_2，$|x_1 - x_2|$ 的值是 $x_1 - x_2$ 的差；反之，如果 x_1 小于或等于 x_2，那么 $|x_1 - x_2|$ 的值是 $x_2 - x_1$ 的差。同理，如果 y_1 大于或等于 y_2，$|y_1 - y_2|$ 的值是 $y_1 - y_2$ 的差；反之，如果 y_1 小于或等于 y_2，那么 $|y_1 - y_2|$ 的值是 $y_2 - y_1$ 的差。最后将两个绝对值求和即可。

【参考程序 1】

```
#include <iostream>
using namespace std;
int main()
{
    double x1,y1,x2,y2,d1,d2;
    //定义 AB 两个点的坐标,d1 为横坐标的绝对值,d2 为纵坐标的绝
对值
    cin >> x1 >> y1 >> x2 >> y2;//输入 AB 两点坐标
    if(x1 >= x2)
        d1 = x1 - x2;//计算 |x1 - x2|
    else
        d1 = x2 - x1;
    if(y1 >= y2)
```

```
        d2 = y1 - y2; //计算 |y1 - y2|
    else
        d2 = y2 - y1;
    cout << d1 + d2 << endl; //横纵坐标绝对值之和
    return 0;
}
```

【运行结果】

```
1.1 1.4 2.4 0.8
1.9
```

【小信提示】

上面的程序中计算$|x_1-x_2|$和计算$|y_1-y_2|$的代码重复。我们将程序进行简化，用一个自定义函数来计算绝对值，减少代码量。

【参考程序 2】

```
#include <iostream>
using namespace std;
double abs(double x) //计算绝对值函数
{
    if(x > 0)
        return x;
    else
        return -x;
}
int main()
{
    double x1,y1,x2,y2,d1,d2;
```

```
    //定义 AB 两个点的坐标,d1 为横坐标的绝对值,d2 为纵坐标的绝
对值
    cin >> x1 >> y1 >> x2 >> y2;//输入 AB 两点坐标
    cout << abs(x1 - x2) + abs(y1 - y2) << endl;//横纵坐标绝对值
之和
    return 0;
}
```

【运行结果】

```
1.1 1.4 2.4 0.8
1.9
```

【分析】

上面两个程序编译和执行结果一样。比较自定义函数的程序，我们不难发现其有以下几个优点：

（1）程序可读性强，结构清晰，逻辑关系明确。

（2）解决相似问题时，不用重复编写代码，可直接调用函数来解决，减少了代码量。

（3）利用函数实现了模块编程，具有面向对象编程的思想，各个模块相对独立，分解问题，降低问题解决难度。

例 6-6：质数筛

【题目描述】

输入 n（n<100）个不大于 100 000 的整数。

要求全部储存在数组中，去除掉不是质数的数字，依次输出剩余的质数。

输入样例：

```
5
3 4 5 6 7
```

输出样例：

```
3 5 7
```

【分析】

首先我们来看看这道题：输入一个数组，去掉数组里面不是质数的数，然后再依次输出余下的质数；输入第一行 5 表示数组大小是 5，第二行数组内容 3 4 5 6 7，这里面质数只有 3，5，7，所以我们留下 3，5，7 并输出。

【参考程序】

```
#include <iostream>
```

```
using namespace std;
int f(int x)
{
    for(int i =2;i < x;i ++)
     if(x% i ==0)     //质数判断的函数
        return 0;     //若 X 有 1 和 X 之外的因子,函数返回值为 0
    return1;          //若不返回 0,则无 1 和 X 之外的因子,X 为质
数,返回 1
}
int main()
{
    int n,a[101];//输入 n 和数组 a
    cin >>n;
    for(int i =0;i < n;i ++)cin >>a[i];
    for(int i =0;i < n;i ++)
        if(a[i] >=2&&f(a[i]))  //输出大于 2 且函数返回值为 1 的
数(即质数)
            cout << a[i] << " ";
    return 0;
}
```

写一个判断质数的函数 f( )，这样我们判断是否为质数的函数就写好了。函数是这样实现的：我们依次拿 2 ~（x - 1）来除 x，如果有能够整除的，就说明这个数不是质数，那么返回 0；反之，要是都不能整除，返回 1。因为 x 不是质数，等价于 x 有 1 和 x 之外的因子。当循环结束都没有进入 if 语句返回的话，才会到达函数最底部的 return 1，这时说明没有 1 和 x 以外的因子，也就是 x 是质数。

我们定义好了判断质数函数之后再来看看主程序：首先定义一个 n，这个 n 是我们要输入的数组元素的个数；随后定义一个数组，用来存放第二行输入的数。

下面的步骤我们非常熟悉，就是通过 for 循环依次填入数组值。

接下来，我们再通过一个 for 循环加条件判断，也就是按顺序枚举数组元素，当 a[i] 为质数且≥2 时就输出 a[i]。这样就可以依次输出数组中的质数了。回到刚刚的思考题，当 a[i] 小于 2，在 f 函数中不会进入循环而会直接到达函数底部被当做质数，这就是错误判断，所以我们在输入时加上一个 a[i]≥2 的辅助判

断来过滤掉 f 函数不想接受的输入。另一种解决办法是将 if a[i] <2 return 0 的语句写在 f 函数头部。这里第二种解决办法更好，不过很多时候，第一种方法的辅助判断也是必需的。&& 是逻辑与运算符，表示两边的表达式同时成立，即 a[i] ≥ 2 且 f(a[i]) 返回值为 1，&& 运算符优先级低于 >= 运算符；这样通过这个 for 循环我们就筛选出了数组 a 中所有的质数。

例 6-7：矩阵中最大值

【题目描述】

有一个 3×4 的矩阵，求所有元素中的最大值。

输入样例：

```
4 2 6 2
5 10 9 8
4 7 3 1
```

输出样例：

```
10
```

【分析】

先使变量 max 的初值等于矩阵中第 1 个元素的值，然后将矩阵中各个元素的值与其相比，每次比较后都把“大者”存放在 max 中，全部元素比较完后的值就是所有元素的最大值。

【参考程序】

```
#include <iostream>
using namespace std;
int max_value(int array[][4])
{
    int max;
    max=array[0][0];
    for(int i=0;i<3;i++)
    {
        for(int j=0;j<4;j++)
        {
            if(array[i][j]>max)
            {
                max=array[i][j];
            }
        }
```

```
    }
    return max;
}
int main()
{
    int max_value(int array[][4]);
    int a[3][4];
    for(int i=0;i<3;j++)
    for(int j=0;j<4;j++)
    cin>>a[i][j];
    cout<<"max_value="<<max_value(a);
    return 0;
}
```

例 6-8：最大质因数

【题目描述】

已知正整数 n 是两个不同的质数的乘积，试求出两者中较大的那个质数。

输入一个正整数 n。输出一个正整数 p，即较大的那个质数。

输入样例：

```
21
```

输出样例：

```
7
```

【参考程序】

```
#include<iostream>
using namespace std;
int f(int x)
{
    for(int i=2;i*i<x;i++)
    {
        if(x%i==0)
        {
            return 0;
        }
    }
```

```
    return1;
}
int g(int a)
{
    for(int i=a-1;i>=2;i--)//从大到小寻找
    {
        if(a%i==0)
        {
            if(f(i))
            {
                cout<<i;
                return 0;//找到了符合条件的立即返回0,保证结果是
最大的
            }
        }
    }
}
int main()
{
    int n;
    cin>>n;
    g(n);
    return 0;
}
```

例6-9：阶乘和

【题目描述】

计算出 S=1!+2!+3!+…+n!（n≤50），其中“!”表示阶乘，例如：3!=3×2×1。

输入样例：

```
3
```

输出样例：

```
9
```

【分析】

一个函数就是我们之前例6-3中的计算阶乘。如果一个函数需要调用自己

本身进行递归，那么就要考虑到递归终止条件。然后再定义一个 sum 函数用来算阶乘和，这个函数里先定义一个变量 sum 用来存放阶乘和，局部变量需要手动初始化为 0。接下来我们利用 for 循环依次求阶乘并加入 sum 变量。最后 sum 存放的是阶乘和计算结果，我们 return sum。主函数里输入 n，调用 sum(n) 函数求阶乘和并用 cout 输出结果。

【参考程序】

```
#include <iostream>
using namespace std;
int fac(int n)
{
    if(n==1)return1;//计算阶乘
    else return n*fac(n-1);
}
int sum(int n)
{
    int sum=0;
    for(int i=1;i<=n;i++)//计算阶乘和
        sum+=fac(i);
    return sum;
}
int main()
{
    int n;
    cin>>n;
    cout<<sum(n);
    return 0;
}
```

第五节 函数综合运用 2

例 6-10：回文数

【题目描述】

设计一个程序，可以判断输入的字符串，是不是回文数。如果是回文数，则输出1；否则输出0。回文数：从左到右看和从右到左看是一样的。

输入样例：	输出样例：
1234321	1

【分析】

这道题的关键是找到数字的第i位和倒数第i位，并依次判断是否相同。程序主要有以下几部分：头文件、主函数和判断函数。主函数是程序的主体，最先开始执行，最后结束，也就是程序从主函数开始，从主函数结束。主函数可以调用其他函数，细节功能可以由调用的函数完成。这个程序中，回文数的判断就是由调用的判断函数完成。

我们先定义一个字符数组a，储存输入的字符串；Pali_jud是判断回文串函数，在函数中我们用一个for循环，逐个判断输入数字对应位置是否相等，也就是从小到大枚举i，逐个判断第i位和倒数第i位是否相同，直到数组每个字符都判断完结束循环。

在if判断中，我们希望数组第i个和倒数第i个相等，如果不相等就肯定不是回文串，返回0。数组第一个是a[0]，所以倒数第一个是a[len-1]，i从0算起，则倒数第i个是a[len-1-i]，如果全部相等，结束循环之后函数会返回1。跳出循环的条件为数组执行过一半，因为是前半部分与后半部分比较。

回到主函数，我们来看程序的运行过程，输入字符串a，主函数中调用判断函数Pali_jud(a)，输出返回数也就是判断的结果。

【参考程序】

```
#include<iostream>
#include<cstring>
using namespace std;
int Pali_jud(char a[])
{
    l=strlen(a);
    for(int i=0;i<=l/2;i++)
        if(a[i]!=a[l-1-i])
            return 0;//一旦发现有对称不相等的情况就返回0
    return 1;//能运行到这里说明是对称相等的,返回1
}
int main()
```

```
{
    char a[10000];
    cin >> a;
    cout << Pali_jud(a);
    return 0;
}
```

例 6-11：回文质数

【题目描述】

因为 151 既是一个质数又是一个回文数（从左到右看和从右到左看是一样的），所以 151 是回文质数。写一个程序来找出范围［a，b］（5≤a＜b≤100 000 000）间的所有回文质数。

输入格式：

整数 a 和 b。

输出格式：

输出一个回文质数的列表，一行一个。

输入样例：

```
5 200
```

输出样例：

```
5
7
11
101
131
151
181
191
```

【分析】

质数判断，我们回顾一下，质数是指只能被 1 和自身整除的数字，那么判断一个数字是否为质数，只需要将其除以从 2 到自身减 1 的所有整数，如果都不能除尽，即存在余数，则为质数，否则不是质数。推翻判断只需要一个反例就可以，所以在 for 循环中被任一整数整除就可判断不是质数，return 0 跳出函数。

回文数判断呢？因为输入是数字而不是字符串，第一步先是将数字 s 转化按位存进数组里，定义一个数组 a[10]，将 s 储存进数组 a 中。s%10 意为取余，取 s 的最低位，然后去除最低位，将最新值重新赋予 s，如此进行下去，将 s 的每一个位的数存入 a。创建数组时必须定义数组的类型和大小，数组的大小不能为0，数组中的元素类型都是相同的。数组一般要先进行初始化，不过这里不需要，我们直接将 s 处理之后存进 a 数组。数组从 0 开始，第一位是 a[0]，转成数组之后，我们按照上一题里判断回文数的流程，定义一个 for 循环，逐位判断是否首尾相等，遇到哪一位不相等就返回 0 跳出函数。

【参考程序】

```
#include <iostream>
using namespace std;
int g(long long s)//质数判断
{
    for(int i=2;i<s;i++)
    if(s%i==0)return 0;
    return 1;
}
int f(long long s)
{
    char a[10];
    int count=0;
    while(s!=0)
    {
        a[count]=s%10;//将 long long s 的每一位从低到高储存在
数组 a 中
        s=s/10;
        count++;
    }
    for(int i=0;i<count/2;i++)
    {
        //回文检测,一旦发现不符合条件的就返回 0
        if(a[i]!=a[count-i-1])return 0;
    }
    return 1;
}
int main()
```

```
{
    long long a,b;
    cin >> a >> b;
    if(a%2 ==0)a ++;
    for(long long i =a;i <=b;i +=2)
    {
        if(f(i)!=0)//先使用回文检测函数因为函数耗时远小于 g()
        {
            if(g(i)!=0)cout << i << "\n";
        }
    }
    return 0;
}
```

第六节 函数综合实战

1. 评等级

【题目描述】

现有 N（N≤1 000）名同学，每名同学需要设计一个结构体记录以下信息：学号（不超过 100 000 的正整数）、学业成绩和素质拓展成绩（分别是 0 到 100 的整数）、综合分数（实数）。首先每行读入同学的姓名、学业成绩和素质拓展成绩，并且计算综合分数（分别按照 70% 和 30% 权重累加），存入结构体中。还需要在结构体中定义一个成员函数，返回该结构体对象的学业成绩和素质拓展成绩的总分。

然后需要设计一个函数，其参数是一个学生结构体对象，判断该学生是否“优秀”。优秀的定义是学业和素质拓展成绩总分大于 140 分，且综合分数不小于 80 分。

输入格式：

第一行一个整数 N。

接下来 N 行，每行 3 个整数，依次代表学号、学业成绩和素质拓展成绩。

输出格式：

N 行，如果第 i 名学生是优秀的，输出 Excellent，否则输出 Not excellent。

输入样例：

```
4
1223 95 59
1224 50 7
1473 32 45
1556 86 99
```

输出样例：

```
Excellent
Not excellent
Not excellent
Excellent
```

2. 数字统计

【题目描述】

请统计某个给定范围［L，R］的所有整数中，数字 2 出现的次数。比如给定范围［2，22］，数字 2 在数 2 中出现了 1 次，在数 12 中出现 1 次，在数 20 中出现 1 次，在数 21 中出现 1 次，在数 22 中出现 2 次，数字 2 在该范围内一共出现了 6 次。

输入格式：

2 个正整数 L 和 R，之间用一个空格隔开。

输出格式：

数字 2 出现的次数。

输入样例：

```
2 22
```

输出样例：

```
6
```

3. 小鱼的数字游戏

【题目描述】

小鱼最近被要求参加一个数字游戏，要求它把看到的一串数字 a_i（长度不一定，以 0 结束）记住了然后反着念出来（表示结束的数字 0 就不要念出来了）。这对小鱼的那点记忆力来说实在是太难了，你也不想想小鱼的整个脑袋才多大，其中一部分还是好吃的肉！所以请你帮小鱼编程解决这个问题。

输入格式：

一行内输入一串整数，以 0 结束，以空格间隔。

输出格式：

一行内倒着输出这一串整数，以空格间隔。

输入样例：

```
3 65 23 5 34 1 30 0
```

输出样例：

```
30 1 34 5 23 65 3
```

【说明】

数据规模与约定：

对于 100% 的数据，保证 $0 \leqslant a_i \leqslant 2^{31}-1$，数字个数不超过 1 000。

4. 功能函数

【题目描述】

对于一个递归函数 w（a，b，c）：

如果 $a \leqslant 0$ 或 $b \leqslant 0$ 或 $c \leqslant 0$，则 $w(a,b,c)=1$。

如果 $a>20$ 或 $b>20$ 或 $c>20$，则 $w(a,b,c)=w(20,20,20)$。

如果 $a<b$ 且 $b<c$，则 $w(a,b,c)=w(a,b,c-1)+w(a,b-1,c-1)-w(a,b-1,c)$。

其他情况下，$w(a,b,c)=w(a-1,b,c)+w(a-1,b-1,c)+w(a-1,b,c-1)-w(a-1,b-1,c-1)$。

这是个简单的递归函数，但实现起来可能会有些问题。当 a，b，c 均为 15 时，调用的次数将非常多。你要想个办法才行。

比如 w(30，-1,0）既满足条件 1 又满足条件 2，这种时候我们就按最上面的条件来算，所以答案为 1。

输入格式：

会有若干行，并以 -1， -1， -1 结束。

保证输入的数在 [-9 223 372 036 854 775 808，9 223 372 036 854 775 807] 之间，且为整数。

输出格式：

一行一个数，表示 f（N）的期望，精确到整数。

输入样例：

```
1 1 1
2 2 2
-1 -1 -1
```

输出样例：

```
w (1, 1, 1) =2
w (2, 2, 2) =4
```

【说明】

对于 20% 的数据，$N \leqslant 100$；

对于 40% 的数据，$N \leqslant 10^3$；

对于 60% 的数据，$N \leqslant 3 \times 10^5$；

对于 80% 的数据，$N \leqslant 10^7$；

对于 100% 的数据，$N \leqslant 10^9$。

5. 回文数

【题目描述】

若一个数（首位不为零）从左向右读与从右向左读都一样，我们就将其称为回文数。

例如：给定一个10进制数56，将56加65（即把56从右向左读），得到121是一个回文数。又如：对于10进制数87：STEP1，87+78=165；STEP2，165+561=726；STEP3，726+627=1 353；STEP4，1 353+3 531=4 884。在这里的一步是指进行了一次N进制的加法，上例最少用了4步得到回文数4 884。写一个程序，给定一个N(2≤N≤10，N=16）进制数M，求最少经过几步可以得到回文数。如果在30步以内（包含30步）不可能得到回文数，则输出“Impossible!”

输入格式：

第一行为进制数N(2≤N≤10，N=16)；

第二行为N进制数M(0≤M≤maxlongint)。

输出格式：

一行，为经过的步数或“Impossible!”。

输入样例：	输出样例：
9 87	6

恭喜你又成功闯过一关，
继续加油吧！

第七章

欢聚一堂——文件和结构体

第一节　文件操作

你知道在不重新运行程序的前提下如何保留程序的运行结果吗?

该如何做呢?

当运行一个程序后，程序的运行结果显示在屏幕上，这个结果也不能被保留，要再次查看结果时，必须将程序重新运行一遍。如果希望程序的运行结果能够永久保留下来，供随时查阅或取用，则需要将其保存在文件中。文件是根据特定的目的而收集在一起的有关数据的集合。C++中把文件看成是一个有序的字节流，我们已经使用过 iostream 标准库，它提供了 cin 和 cout 方法分别用于从标准输入读取流和向标准输出写入流。在从文件读取信息或者向文件写入信息之前，必须先打开文件。当一个文件被打开后，该文件就和一个流关联起来，这里的流实际上是一个字节序列。

C++将文件分为文本文件和二进制文件。二进制文件由二进制数组成。文本文件由字符序列组成，以字符为存取最小信息单位，也称“ASCII码文件”。

下面我们学习如何编写C++代码来实现对文本文件的输入和输出。

文件操作基本步骤如下：

（1）打开文件。

在从文件读取信息或者向文件写入信息之前，必须先打开文件。ofstream 和 fstream 对象都可以用来打开文件进行写操作，如果只需要打开文件进行读操作，则使用 ifstream 对象。

（2）对文件进行写操作。

在编写程序中，我们使用运算符“<<”向文件写入信息，就像使用该运算符输出信息到屏幕上一样。不同的是，在进行写操作时使用的是ofstream 或fstream对象，而不是cout对象。

（3）对文件进行读操作。

同样，我们使用运算符“>>”从文件读取信息，就像使用该运算符从键盘 输入信息一样。不同的是， 在进行读操作时使用的是 ifstream 或 fstream 对象， 而不是 cin 对象。

（4）在使用完文件后，关闭文件。

当 C++ 程序终止时，它会自动关闭刷新所有流，释放所有分配的内存，并关闭所有打开的文件。但程序员应该养成一个好习惯，在程序终止前关闭所有打开的文件。

文件输入流（ifstream）和文件输出流（ofstream）的类的默认输入输出设备都是磁盘文件。在创建对象时，设定输入或输出到哪个文件。由于这些类的定义是在 fstream 中进行的，因此，在使用这些类进行输入输出操作时，使用了标准库 fstream，因此，必须要在程序的文件中包含头文件 <fstream>，它定义了三个新的数据类型。

（1）ofstream：该数据类型表示输出文件流，用于创建文件并向文件写入信息。

（2）ifstream：该数据类型表示输入文件流，用于从文件读取信息。

（3）fstream：该数据类型通常表示文件流，且同时具有 ofstream 和 ifstream 两种功能，这意味着它可以创建文件，向文件写入信息，从文件读取信息。

例如：用 infile 作为输入对象，outfile 作为输出对象，则可以使用如下定义：

```
ifstream infile("filename. 扩展名");
ofstream outfile("filename. 扩展名");
```

让我们一起来看看在程序中是如何编写和实现的吧！

【参考程序】

```
#include <iostream>
#include <fstream>
using namespace std;
```

```
int main()
{
    ifstream infile("in.txt");       //定义输入文件名
    ofstream outfile("out.txt");     //定义输出文件名
    int temp,sum=0;
    while(infile>>temp)
    sum=sum+temp;   //从输入文件中读入数据
    outfile<<sum<<endl;
    infile.close();
    outfile.close();    //关闭文件,可省略
    return 0;
}
```

第二节 海纳百川——结构体

大家知道“海纳百川”这个成语吗?

海纳百川如图7.2.1所示。比喻接纳和包容的东西非常广泛，而且数量很大。在现实生活中如此，在程序里面有类似于海纳百川的东西吗？答案是有的。

图 7.2.1　海纳百川

我们经常能在日常生活中看到个人信息表，如成绩表、体质测试表、个人信息登记表等，这些表需要包含学号、姓名、身份证号、性别、成绩等数据，而这些数据项的类型是不一样的，有整型、字符型、字符串和浮点型。那在程序中应该怎样处理这些信息呢？你肯定会想到数组。数组虽然能够存储多个数据项，但只能存储一样类型的数据，这就需要用“海纳百川”的思想解决问题。对此，聪明的设计者专门定义了一种数据类型，它可以将一组类型不同的相关数据封装在一个变量中，这种数据类型称为结构体。

结构体，能够以一种方便而整齐的方式把一组类型不同的相关数据封装在一个变量里，这样就可以清晰地表达数据之间的关系，提高程序的可读性。

结构体使用起来如此方便，那它到底是什么呢？

别急，接下来为你揭开结构体的神秘面纱。

例 7－1：成绩统计

【题目描述】

信息学社团学生进行了程序设计能力测试，为了方便老师对测试成绩进行统计分析，需要按照分数高低进行排序，输入 N 个学生的学号、姓名和语法、数据结构、算法成绩的得分，按总分从高到低输出，分数相同的按输入先后输出。

【小信分析】

由于学生成绩信息包含字符串、整型，如果用两个数组保存不太利于把一个学生的信息当成一个整体处理，而结构体正好可以把不同的数据类型封装在一起，可以通过使用结构类型的方法来解决这个问题。

【参考程序】

```
#include<iostream>
#include<string>
#include<algorithm>
using namespace std;
struct student
{
    string num;//定义学号
    string name;//定义姓名
    int language,datastruct,algorithm;//三项成绩
    int total;//总分
}; //定义 struct 类型,类型名为:student
student a[110];  //定义一个数组 a,student 类型
int n;
bool compare(student q,student p)//定义比较函数
{
    if(q.total!=p.total)return q.total>p.total;
    return q.total>p.total;
}
```

```
    int main(){
        cin >> n;
        for(int i = 0;i < n;i ++ ){              //对结构体中成员的赋值、
取值。
            cin >> a[i].num >> a[i].name;
            cin >> a[i].language >> a[i].datastruct >> a[i]. algo-
rithm;
            a[i].total >= a[i].language + a[i].datastruct + a[i].
algorithm;}
       sort(a,a + n,compare);//排序函数
        for(int i =0;i < n;i ++ )//输出
          cout << a[i].num << a[i].name << ' ' << a[i].language << ' '
           << a[i].datastruct << ' ' << a[i].algorithm << ' ' << a
[i].total << endl;
        return 0;
    }
```

一、结构体长什么样

1. 结构体及结构体变量

首先咱们需要意识到结构体是一种变量，既然是变量就需要提前声明，上述例子中：

```
struct student
{
  string num;//定义学号
  string name;//定义姓名
  int language,datastruct,algorithm;//三项成绩
  int total;//总分
} a[110];
```

定义一个 struct 的类型，类型名叫 student。

在实际使用中，结构体变量的定义有两种形式。

(1) 定义结构体类型的同时定义变量。

```
struct 结构名
```

```
{
        类型名 结构成员名;//可以有多个成员
        成员函数;//可以有多个成员函数,也可以没有
} 结构体变量表;//定义结构体变量
```

其中 struct 是关键字，关键字 struct 和它后面的结构名一起组成一个新的数据类型名，可以同时定义多个结构体变量，用“,”隔开结构的定义，以“;”结束。C++中把结构的定义看作是一条语句。

例如：

```
struct student
{
  string num;//定义学号
  string name;//定义姓名
  int language,datastruct,algorithm;//三项成绩
  int total;//总分
}a[110];
```

（2）先定义结构体再定义结构体变量。

```
struct 结构体类型名
{
        类型名 结构成员名;
        成员函数;
};
结构体名 结构体变量表 //同样可以同时定义多个结构体变量
```

例如：

```
struct student
{
  string num;//定义学号
  string name;//定义姓名
  int language,datastruct,algorithm;//三项成绩
  int total;//总分
};
student a[110];
```

2. 结构体变量的特点

（1）结构体变量可以整体操作。

```
swap(a[j],a[j+1]);
```

也可以直接使用交换函数，整体交换。

```
a[j]=a[j+1];
```

也可以直接赋值，将一个结构体的内容完整地赋值给另外一个结构体变量。

（2）结构体变量的成员访问很方便、清晰。

```
cin>>a[i].name;
```

（3）结构体变量的初始化和数组的初始化类似。

```
struct student s1={101,"zhang",78,87,85}
```

num	name	language	datastruct	algorithm
101	Zhang	78	87	85

3. 结构体变量的使用

（1）结构体变量成员的引用。

使用结构成员操作符“.”来引用结构成员，格式为：

```
结构变量名.结构成员名
```

例如，结构体数据的输入。

```
for(int i=0;i<n;i++){
    cin>>a[i].name;
    cin>>a[i].language>>a[i].datastruct>>a[i]. algo-
rithm;
    a[i].total=a[i].language+a[i].datastruct+a[i]. al-
gorithm;}
```

（2）结构体变量的整体赋值。

具有相同类型的结构体变量可以直接赋值。赋值时，将赋值符号右边结构体变量的每一个成员的值都赋给了左边结构体变量中相应的成员。

```
struct student s1 = {101,"zhang",78,87,85},s2;
s2 = s1
```

（3）结构体变量作为函数参数。

如果程序的规模较大，功能较多，必然需要以函数的形式进行功能模块的划分和实现。

如果程序中含有结构数据，就可能需要用结构体变量作为函数的参数或返回值，以在函数间传递数据。

```
double count_average(student s);
main:s1.average = cout_average(s1);
```

【小智总结】

优点：可以传递多个数据且参数形式较简单。
缺点：对于成员较多的大型结构，参数传递时所进行的结构数据复制使得效率较低。

例 7-2：离散化基础

【题目描述】

以后要学习使用的离散化方法编程中，通常要知道每个数排序后的编号（rank 值）。

输入格式：

第一行，一个整数 N，范围在［1…10 000］；第二行，有 N 个不相同的整数，每个数都是 int 范围的。

输出格式：

依次输出每个数的排名。

输入样例：

```
5
8 2 6 9 4
```

输出样例：

```
4 1 3 5 2
```

【小信分析】

必须排序，关键是怎样把排名写回原来的数“下面”。程序使用了分别对数值和下标不同关键词2次排序的办法来解决这个问题，一个数据“节点”应该包含数值、排名、下标3个元素，用结构体比较好。

【参考程序】

```
#include <iostream>
#include <algorithm>
using namespace std;
struct node{
    int data;
    int rank;
    int index;
};
node a[10001];
int n;
bool comp1 (node x,node y){
    return x. data < y. data;
}
bool comp2 (node x,node y){
    return x. index < y. index;
}
int main()
{
    cin >> n;
    for(int i =1;i <=n;i ++)
       cin >> a[i]. data,a[i]. index =i;
    sort(a +1,a +1 +n,comp1);
    for(int i =1;i <=n;i ++)a[i]. rank =i;
    sort(a +1,a +1 +n,comp2);
```

```
    for(int i =1;i <=n;i ++)
        cout << a[i]. rank << ' ';
    return 0;
}
```

例 7 -3：图书排序

【题目描述】

每个学期开始时，每一位学生都面临着参考书的选择，但是任何一本书，都有很多的内容需要描述。在思考之后，为了能够更加便于图书的排序筛选，我们需要对每本图书的一些基础内容进行统计。如图书名称、学科、ISBN 编号、价格。最终将统计完信息的图书按照以下顺序排列：第一关键字为学科（按字典序升序整理）、第二关键字为名称（按字典序升序整理）、第三关键字为 ISBN 编号、第四关键字为价格（从低到高）。

输入格式：

第一行一个正整数 N。

接下来 N 行，每行四个整数，其中第 i 行表示第 i 本图书的名称、学科、ISBN 编号、价格。

输出格式：

排好序的 N 行图书信息。

【小信分析】

我们可以使用结构体来表示每本书的信息，并定义比较函数来对图书进行排序。具体来说，我们可以定义一个名为Book的结构体，其中包含图书名称（name）、学科（subject）、ISBN编号（ISBN）、价格（price）四个成员变量，按照题目要求的四个关键字进行排序。

【参考程序】

```
#include <iostream>
#include <string>
#include <algorithm>
using namespace std;
```

```
struct Book{
    string subject;
    string name;
    string ISBN;
    double price;
    };  //定义 struct 类型,类型名为:Book
Book a[110];  //定义一个数组 a,Book 类型
int n;
bool compare(Book q,Book p)//定义比较函数
{
    if(q.subject!=p.subject)return q.subject<p.subject;
    if(q.name!=p.name)return q.name<p.name;
    if(q.ISBN!=p.ISBN)return q.ISBN<p.ISBN;
    return q.price<p.price;
}
int main(){
    cin>>n;
    for(int i=0;i<n;i++)
    {       //对结构体中成员的赋值、取值。
        cin>>a[i].subject>>a[i].name>>a[i].ISBN>>a[i].
price;
    }

        sort(a,a+n,compare);//关键字排序
        for(int i=0;i<n;i++)//输出
        cout<<a[i].subject<<" "<<a[i].name<<" "<<a[i].
ISBN<<" "<<a[i].price<<" "<<endl;
    return 0;
}
```

例 7-4：谁是跑得最快的兔子

【题目描述】

小兔子们正在讨论谁跑得最快的问题。一只说："我跑 10 米只用了 4 秒钟！够快吧?"另一只说："我跑 17 米才用 6 秒钟！还是我快!"旁边的一只说话了：

“上次，有只狼追我，我跑120米也只用了22秒钟”……就这样你一句我一句地争个不停，可是，谁也说服不了谁。一只灰兔说：“你们都别争啦。这样，把你们的名字和最好纪录都告诉我，我输入电脑，一下子就知道谁是最快的了。”

你来帮小灰兔完成这个程序，评出谁是最快吧！

输入格式：

第一行是一个整数n（$1 \leq n \leq 100$），表示参与讨论的兔子个数。

后面$3 \times n$行，每3行是一只兔子的信息，分别是名字（字符串，长度不超过10个字符）、最好纪录的长度（整数，以米做单位，不超过1 000）、最好纪录的时间（整数，以秒做单位，不超过1 000）。

输出格式：

只有一个字符串，就是跑得最快的那只兔子的名字。数据保证可以选出最快的。

输入样例：

```
3
Nikki
10
4
Snoy
17
6
Pimi
120
22
```

输出样例：

```
Pimi
```

【参考程序】

```
#include <bits/stdc++.h>
using namespace std;
```

```
struct rabbit//定义结构体
{
    char name[11];
    int s;
    int t;
    double v;
};
int main()
{
    int n,i,fastj;
    double fast=0;
    cin>>n;
    struct rabbit x[n];//定义 rabbit 类型变量
    for(i=0;i<n;i++)//输入
    {
        cin>>x[i].name;//访问结构体变量成员
        cin>>x[i].s;
        cin>>x[i].t;
    }
    for(i=0;i<n;i++)
    {
        x[i].v=x[i].s*1.0/x[i].t;//计算速度
        if(x[i].v>fast)
        {
            fast=x[i].v;
            fastj=i;//存储最大速度所在的位置
        }
    }
    cout<<x[fastj].name;
    return 0;
}
```

二、结构数组

一个结构体变量只能表示一个实体的信息，如果有许多相同类型的实体，就需要使用结构数组。

结构数组其实就是结构体与数组的结合，与普通数组的不同之处在于每个数组元素都是一个结构类型的变量。

1. 结构数组的定义

结构数组的定义方法与结构变量类似，只需声明其为数组即可。

```
struct student{
    int num;
    char name[10];
    int math;
    int chinese;
    int english;
    double average;
};//声明结构体类型 student
student students[50];//定义 student 类型的数组 students
```

结构数组 students，它有 50 个数组元素，从 students[0] 到 students[49]，每个数组元素都是一个结构体类型 struct student 的变量。

结构数组初始化，如表 7.2.1 所示。

```
student students[50]={
    {101,"Zhang",76,85,78},
    {102,"Wang",83,92,86}};
```

表 7.2.1　结构数组初始化

students [0]	101	Zhang	76	85	78
students [1]	102	Wang	83	92	86
…	…	…	…	…	…
students [49]					

2. 结构数组的使用

结构数组元素的成员引用，其格式为：

```
结构数组名[下标].结构成员名
```

使用方法与同类型的变量完全相同。

```
students t[i].num=101;
strcpy(students[i].name,"Zhang");
students[i]=students[k];
```

如输入 n（n<50）个学生的成绩信息，按照学生的个人平均成绩从高到低输出他们的信息。

```
#include<iostream>
using namespace std;
struct student{ //声明结构体类型 student
    int num;
    char name[10];
    int math;
    int chinese;
    int english;
    double average;
};
student students[50];//定义 student 类型的数组 students
student temp;
int main(){
    int n,i,j;
    printf("请输入人数:");
    scanf("%d",&n);
```

```
    printf("编号姓名语文数学英语(用空格间隔)\n");
    for(i=0;i<n;i++){
        scanf("%d %s %d %d %d",
              &students[i].num,
              &students[i].name,
              &students[i].math,
              &students[i].chinese,
              &students[i].english);
        students[i].average=(students[i].math+
        students[i].chinese+students[i].english)/3.0;//注
意用3.0
    }
    for(i=0;i<n-1;i++){
        for(j=0;j<n-1-i;j++){
                if(students[j].average<students[j+1]
.average){
                temp=students[j];
                students[j]=students[j+1];
                students[j+1]=temp;
        }}}
    printf("\n num\t name\t average\n");
    for(i=0;i<n;i++){
        printf(" %d\t %s \t %.2lf\n",students[i].num,
            students[i].name,students[i].average);}
    return 0;
}
```

三、练习

练习1：培训

【题目描述】

某培训机构的学员有如下信息：

姓名（字符串）；

年龄（周岁，整数）；

去年 NOIP 成绩（整数，且保证是 5 的倍数）。

经过为期一年的培训，所有同学的成绩都有所提高，提升了 20%（满分不超过 400 分）。

输入学员信息，请设计一个结构体储存这些学生信息，并设计一个函数模拟培训过程，其参数是这样的结构体类型，返回同样的结构体类型，并输出学员信息。

输入样例：

```
3
kkksc03 24 0
chen_ zhe 14 400
nzhtl1477 18 590
```

输出样例：

```
kkksc03 25 0
chen_ zhe 15 480
nzhtl1477 19 600
```

练习 2：注册账号

【题目描述】

某学习平台注册个人账号，账号信息包括姓名、身份证号、手机号。请编程用恰当的数据结构保存信息，并统计身份证中男性和女性的人数（身份证第 17 位代表性别，奇数为男，偶数为女）.

输入格式：第一行，一个整数 N，范围在［1…10 000］；下面 N 行，每行三个字符串。第一个字符串表示姓名，第二个字符串表示身份证号，第三个字符串表示手机号。

输出格式：2 行，分别表示男性人数、女性人数。

输入样例：

```
4
Zhao 522635201000008006   18810788889
qian 51170220100000175X   18810788887
sun 45102520100000935X   18810788886
li 511702201000006283   18810788885
```

输出样例：

```
2
2
```

以上就是结构体的所有内容，你都学会了吗？

第八章
快捷方式——指针

第一节　如何创建快捷方式——指针的定义

同学们，你们知道什么是指针吗？
学完这一节尝试给它下个定义吧！

一、为什么要使用指针

你了解或者用过网盘吗？网盘为用户免费或收费提供文件的存储、访问、备份、共享等文件管理功能，并且拥有高级的世界各地的容灾备份。无论是在家中、单位或其他任何地方，只要连接到互联网，就可以管理、编辑网盘里的文件，使学习、生活变得非常便捷。

如果你在网盘中存放了大小超过3GB的文件，现在想要把这些文件分享给同学，你会用什么办法呢？

【分析】

第一种方式：你从网盘中下载文件到本地，然后通过 U 盘或者硬盘拷贝给同学，这种方式费时费力，如图 8.1.1 所示。

图 8.1.1 下载拷贝方式

第二种方式：通过网盘生成下载文件二维码，再将二维码通过网络发送给同学，他自己去下载或者保存到自己的网盘中，如图 8.1.2 所示。显然第二种方式更加方便。这里的二维码，就是一个指针。

图 8.1.2 二维码方式

【新知讲解】

在上述网盘分享文件的例子中，图 8.1.2 提供了扫描二维码就可以获取相应文件的方式。我们发现，这些二维码所占的存储空间很小，可是占用空间那么小的二维码怎么能获取几个 GB 甚至更大的文件呢？原来，二维码里面存储了文件的链接地址，而链接地址链接了文件，所以通过二维码的链接地址即可找到文件。二维码所存储的内容并不是所要访问的文件本身，而是所要访问的文件在云端存储上的链接。使用二维码的目的就是快捷方便，无须人为传输文件。不过如果所要指向的链接不存在或链接不正确，那么扫描二维码就会导致错误发生。

通过上述网盘分享文件问题的引入，我们了解到了指针的两个作用：一个是避免副本；另一个是能共享数据。

我知道了！指针就是指向其他文件的一种数据表现方式。

指针其实就是内存地址，指针变量是用来存放内存地址的变量。指针一般被认为是指针变量，指针变量内容存储的是其指向的对象的首地址，指向的对象可以是变量、数组、函数等占据存储空间的实体。

例 8 -1：阅读程序并输出结果

```
#include <iostream>
using namespace std;
int IncNum(int x)
{
    x = x + 1;
}
int main()
{
    int num = 5;
    IncNum(num);
    printf("人数是% d",num);
    return 0;
}
```

【运行结果】

```
人数是 5
```

我们已经学习了变量的作用域。在这个程序中，函数 IncNum(int x) 中的 x 作用域只在函数里，所以修改 x 的值不会影响到 main 函数中的 num。但是通过指针，我们就能直接对 num 变量的地址进行操作，在函数中直接修改传进来的参数的值，因为函数中调用变量是按照值传递的。也就是说，在执行 IncNum 的时候，我们创建了一个新的变量 x，并且让 x 等于传入的 num，也就是之前例子中说的拷贝文件。这个时候在函数中修改 x 并不能改变 num 的值：修改发生在拷贝文件上，当函数结束 x 就被丢弃了，拷贝文件并不会自动传递回去。

二、指针如何使用

在 C++ 中，可以给内存中的数据创建“快捷方式”，我们称之为指针。在内存中，可能会有一些数据，我们不知道它的变量名却知道它在内存中的存储位置，即地址，就像分享文件时我们只需知道二维码。利用快捷方式的原理就可对这些文件进行访问，如图 8.1.3 所示。

图 8.1.3 二维码存储文件地址链接

指针和整型、字符型、浮点型一样，是一种数据类型。指针中存储的并不是所要调用的数据本身，而是所要调用的数据在内存中的地址。每个变量都被存放在从某个内存地址（以字节为单位）开始的若干个字节中。大小为 4 个字节（或 8 个字节，取决于系统版本）的变量，其内容代表一个内存地址。

在使用指针之前要先定义指针，对指针变量的类型说明的一般形式如下：

```
类型名* 指针变量名;
```

其中，* 表示这是一个指针变量，变量名即为定义的指针变量名。类型说明表示该指针变量所指向的变量的数据类型。

1. 普通变量定义

```
int a =123;
```

其中，a 是 一个 int 类型的变量，值为 123。内存空间中存放 a 的值，存取操作时直接到这个内存空间中存取。内存空间有对应的位置，也就是地址。指针变量指向如图 8.1.4 所示，存放 123 的地址可以用取地址操作符 &，对 a 运算得到 &a。

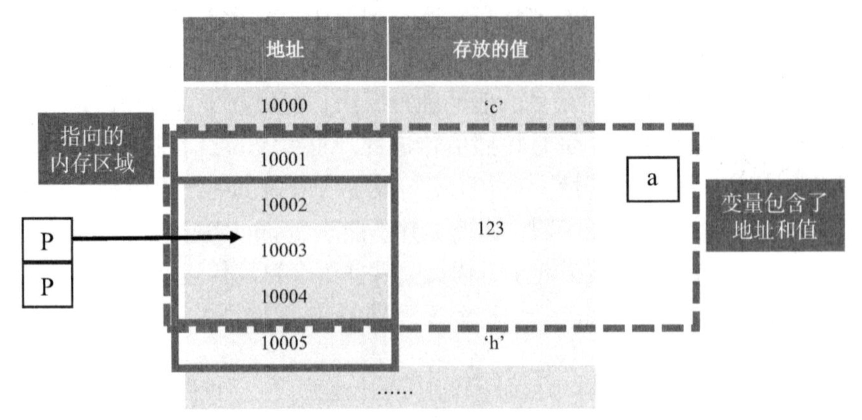

图 8.1.4 指针变量指向

2. 指针变量定义

```
int* p=123;
```

该语句定义了一个指针变量 p，变量 p 的类型是 int *，p 指向一个内存空间，而里面存放的是内存地址。一般情况下，指针（int * p）与普通变量（int a）的关系如表 8.1.1 所示。

表 8.1.1　指针与普通变量的关系

变量取址	变量类型	变量赋值
p	* p	* p = 123
&a	a	a = 123

3. 如何给指针变量赋值

```
p=&a;
```

该赋值只是把 a 变量的内存空间地址赋给了 p，也可以写成 int * p = &a，在指针变量初始化时就赋值，但是不能写成 * p = &a。因此，对 p 存取时操作的是地址，而不是值，这也决定了不允许把一个数值赋予指针变量，故“int * p; p = 1000”的赋值是错误的。但是通过地址的间接操作可以实现对变量值的访问，即使用指针操作符“ * ”。即 * p 的值是 123。指针的几个相关操作说明如表 8.1.2 所示。

表 8.1.2　指针的几个相关操作说明

说明	样例
指针定义： 类型名 * 指针变量名；	int a = 123 int * p;
取地址运算符：&	p = &a;
间接运算符： *	* p = 123;
指针变量直接存取的是内存地址	cout << p；结果可能是：0x4097ce
间接存取的才是储存类型的值	cout << * p；结果是：123

【小信提示】

注意指针变量直接存取和间接存取之间的区别哦！

例 8－2：输入两个不同的整数，把较大的那个数翻倍并输出

输入样例：

```
3 2
```

输出样例：

```
6
```

【参考程序】

```
#include <iostream>
using namespace std;
int main(){
    int a,b;
    int* p;//定义一个指向一个整数的指针变量 p
    cin >> a >>b;
    if(a >b)
        p = &a;
    else
        p = &b;
    cout << (* p)* 2 <<endl;
    return 0;
}
```

【程序说明】

（1）变量 a 和 b 一旦定义，系统就会给它们分配内存空间，而且在程序运行过程中，其内存地址是不变的，这种储存方式成为静态存储。

（2）指针变量 p 定义以后，其地址空间是不确定的，默认是 NULL。当执行到 p = &a 或者 p = &b 时，p 才指向 a 或者 b 的地址，才能确定 p 的值。这种存储方式称为动态存储。

三、练习

练习 1：数字翻倍

【题目描述】

输入两个不同的整数，把较小的那个数翻倍并输出。请用指针完成。

输入样例：	输出样例：
2 3	4

练习 2：求极差（指针）

【题目描述】

给出 n（n≤100）和 n 个整数 ai（0≤ai≤1 000），求这 n 个整数中的极差（用指针完成）。极差：一组数中的最大值减去最小值的差。

输入样例：	输出样例：
6 1 1 4 5 1 4	4

同学们可以思考一下，如果上面两个练习题不使用指针，可以求出问题答案吗？

第二节　指针的计算

一、指针运算

由于指针变量存储的是内存地址，所以可以执行加法、减法运算。但是和一般的数字加减法运算不同，这里由于 p 是一个指向 int 类型的指针，因此对 p 执行一次加一操作，内存地址移动 4 位，也就是一个 int 的长度。指针移动示意如图 8.2.1 所示。

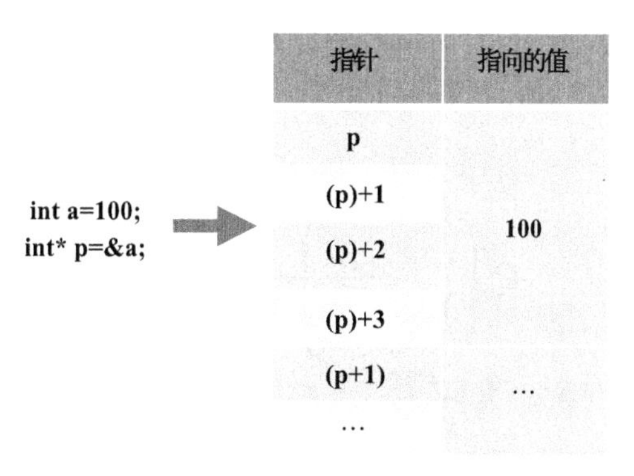

图 8.2.1　指针移动示意

例 8-3：输入 N 个整数，使用指针变量访问输出

【参考程序】

```
#include <iostream>
using namespace std;
int a[100],n;
int main(){
    cin>>n;
    for(int i=0;i<n;i++)
        cin>>a[i];
    int* p;   //指针变量的声明
    p=&a[0];//在指针变量中存储 a 的首地址,即 a[0];
    for(int i=0;i<n;i++){
        cout<<* p;
        p++;//p 指向下一个数
    }
    return 0;
}
```

【运行结果】

```
4
2 1 6 0
2 1 6 0
```

【说明】

“p++”的意思是广义的“p=p+1”，不是 p 的值（地址）加 1，而是根据类型 int 增加 sizeof(int)，即刚好“跳过”一个整数的空间，达到下一个整数。

【小信提示】

“*p+3”和“*(p+3)”是不同的。因此对于本题，前者是指a[0]+3,而后者是指a[3]。

二、无类型指针

有时候，指针定义时还不确定指向的内容是什么类型，此时就先定义成无类型指针 void，以后可以根据需要，随时进行强制类型转换，如（int *）p 转换为整型指针。

例 8-4：无类型指针运用

【参考程序】

```
#include<iostream>
using namespace std;
int main()
{
    int a=20;
    double b=4.5;
    void* p;
    p=&a;                    //p 的地址赋值
    cout<<* (int* )p<<endl;//运算优先级为先(int* )强制转换，
再* 取值;
    p=&b;                    //p 的地址赋值
    cout<<* (double* )p;
    return 0;
}
```

【运行结果】

```
20
4.5
```

【说明】

以上是一个转换指针类型的实例程序，使同样一个指针可以用于表示不同类型的变量。

例8-4中，对于输出时候的 * (int*) p 和 * (double*) p，运算优先级是先执行后面的对 p 强制转换类型，再执行前面的 * 取值操作。

三、指针的指针是什么

指针是一个变量，和普通的变量一样，它也是存储在内存区域中的，所以我们可以找到另一个指针来指向它。如图 8.2.2 所示，pp 指针指向一个指向整型的指针变量 p。

int* p

指针 p	指向的值
10000	123
10001	
10002	
10003	

int pp=&p**

指针的指针 pp	指向的值
10000	10000
10001	
10002	
10003	

图 8.2.2 pp 指针指向一个指向整型的指针变量 p

例 8－5：多重指针运用

【参考程序】

```
#include <iostream>
using namespace std;
int a =10;
double b =3.5;
void* p;
int main()
{
    int a =10;
    int* p;
    int* * pp;
    p = &a;
    pp = &p;
    cout << a << " = " << * p << " = " << * * pp << endl;
    return 0;
}
```

【运行结果】

```
10 =10 =10
```

【说明】

从输出结果发现，cout 输出的三个表达式结果是一样的：a = * p = * * pp。* * pp 相当于对 pp 取值得到 p，再对 p 指针取值得到 a 的值。这就是指针的指针，有了二重指针，相应也会有三重指针、n 重指针等。

四、练习

练习 1：分类平均（指针）

【题目描述】

给定 n（n≤10 000）和 k（k≤100），将 1 ~ n 的所有正整数分为两类：A 类数可以被 k 整除（也就是说是 k 的倍数），而 B 类数不能。请输出这两类数的平均数，精确到小数点后 1 位，用空格隔开。数据保证两类数的个数都不会是 0（用指针完成）。

输入样例：	输出样例：
100 16	56.0　50.1

练习 2：阅读程序，判断程序的运行结果

```
#include <iostream>
using namespace std;
int a =10;
double b =3.5;
void* p;
int main()
{
    int* p;
    char* q;
    p =new(int);
    q =new(char);
    * p =65;
    * q =* p;
    cout << * p << " " << * q << endl;
```

```
    return 0;
}
```

输出结果:

```

```

是不是很简单？接下来和小信一起走进指针和数组的世界吧！

第三节 指针与数组

一、指针与数组的关系

指针和数组结合在一起会怎么样呢？

阅读程序，判断程序的运行结果。

例 8-6：指针与数组的运用

```
#include <iostream>
using namespace std;
int main()
{
    int a[20] = {1,2,3,4,5,6,7,8};
    cout << a << endl;
```

```
    return 0;
}
```

【分析】

首先，我们来运行一下这份代码。如果正常的话，同学们的输出结果应当是0x6ffdc0。输出的这个是什么呢？我们看前缀是0x，判断为十六进制数，根据我们之前的学习，知道C++中地址就是十六进制的。确实，这里输出的就是一个地址。那么，为什么当我们不带索引打印数组名时会打印出一个地址的值呢？

这是因为在C++中，数组名实际上可以当作指针，这个指针会指向哪里呢？当然是数组的第一个元素的首地址。

【新知讲解】

指向数组的指针变量称为数组指针变量。一个数组是由一块连续的内存单元组成的，数组名就是这块连续内存单元的首地址。一个数组元素的首地址就是指它占有的几个内存单元的首地址。一个指针变量既可以指向一个数组，也可以指向一个数组元素，可把数组名或第一个元素的地址赋予它。如要使指针变量指向第i号元素，可以把i元素的首地址赋予它，或把数组名加i赋予它。

二、指向数组的指针

数组指针变量说明的一般形式为：

```
类型说明符* 指针变量名
```

引入指针变量后，就可以用两种方法访问数组元素了。例如，定义了int a[5]；int * pa = a；用pa[i]形式访问a的数组元素，采用指针法即 *（pa + i）形式间接访问的方法来访问数组元素。

实践才能出真知哦，快输入电脑尝试一下吧！

例8-7：阅读并上机调试以下程序

【参考程序】

```
#include <iostream>
using namespace std;
```

```
int main()
{
    int a[] = {10,11,12,13,14,15};
    int* p = a + 4;
    cout << * a;
    cout << " " << * (a + 3);
    cout << " " << * ( ++p) << endl;
    return 0;
}
```

【运行结果】

```
10
13
15
```

【说明】

把数组名当作指针使用时，我们还可以使用指针变量的加法。在这个程序中，我们用 cout 输出 ＊a，＊(a＋3)，＊(＋＋p)，其中指针 p 赋值为 a＋4，发现输出为 10，13，15，三个指针分别指向了 a[0]，a[3]，a[5]。

【小信提示】

直接拿数组名 a 当指针用时，a 始终是静态的，不可变的。不能改变 a 的值，就不能做“a=a+4;”或者“++a”这样的运算，但指针变量 p 可以任意地赋值。

例 8－8：动态数组，计算前缀和数组

【参考程序】

```
#include <iostream>
using namespace std;
int n;
int* a; //定义指针变量 a,后面直接当数组名使用
```

```
int main()
{
    cin >> n;
    a = new int[n + 1];//向操作系统申请了连续的 n + 1 个 int 型的
空间
    for(int i = 1;i <= n;i ++)
        cin >> a[i];
    for(int i = 2;i <= n;i ++)
        a[i] += a[i - 1];
    for(int i = 1;i <= n;i ++)
        cout << a[i];
    return 0;
}
```

输入样例:	输出样例:
5 1 2 3 4 5	1 3 6 10 15

【小信分析】

我们定义一个指针变量a，然后用new函数开辟一段n个int变量长度的连续空间，返回的首地址指针赋值给a；在内存空间开辟的连续变量空间，可以直接当数组使用。

三、练习

练习 1：阅读程序，判断程序的运行结果

```
#include <iostream>
using namespace std;
int a = 10;
double b = 3.5;
```

```
void* p;
int main()
{
    int a[]={10,11,12,13,14,15};
    int* p=a+4;
    cout<<* a;
    cout<<" "<<* (a+3);
    cout<<" "<<* (++p);
    return 0;
}
```

输出结果：

```
```

练习 2：哥德巴赫猜想（指针）

【题目描述】

输入一个偶数 N（N≤10 000），验证 4 ~ N 所有偶数是否符合哥德巴赫猜想：任一大于 2 的偶数都可写成两个质数之和。如果一个数不止一种分法，则输出第一个加数相比其他分法最小的方案。例如 10，10 = 3 + 7 = 5 + 5，则 10 = 5 + 5 是错误答案。请用指针解决。

输入样例：

```
10
```

输出样例：

```
4=2+2
6=3+3
8=3+5
10=3+7
```

你真棒！是不是数组和指针的结合使程序编写更方便了呢？

第四节　指针与函数

程序中需要处理的数据都保存在内存空间，而程序中的函数同样也保存在内存空间，C++支持通过函数的入口地址，也就是指针来访问函数。也就是说和变量可以用指针访问一样，函数也能用一个指向它的指针访问，这种函数类型的指针叫做函数指针。

一、函数指针

指针可以作为函数的参数。在函数中，我们把数字作为参数传入函数中，实际上就是利用了传递指针(即传递数组的首地址)的方法。通过首地址，我们可以访问数组中的任何一个元素。

例8-9：阅读并上机调试以下程序

【参考程序】

```
#include <iostream>
using namespace std;
int test(int a)
{
  return a* a;
}
int main()
{
  cout << (void* )test <<endl;
  int(* p)(int a);
  p=test;
  cout <<p(5) <<endl;
  cout << (* p)(10) <<endl;
  return 0;
}
```

【运行结果】

```
0x401530
25
100
```

【分析】

通过程序我们可以看到，这是一个类型为指向 int 的函数，它返回的是一个指向函数内变量 p 的指针。在前面的学习中，我们知道局部变量在函数结束以后会立即释放，这块内存区域不再被我们的程序使用。如果返回这个内存区域的指针被使用，程序并不会报错，但是很容易得到意外的结果，因为后续的内存分配可能会把这块内存分出去并修改。当我们调用 p 指针的时候，访问到的就是修改后的结果，变量 a 很可能已经不存在了。

【小信提示】

定义函数指针要与函数原型一致。
获取函数的地址有两种方式：一种是直接使用函数名，另一种是使用取地址符。
调用函数有两种方式：一种是直接使用函数名，另一种是使用函数指针。

例 8－10：排序

编写一个函数，将三个整型变量排序，并将三者中的最小值赋给第一个变量，次小值赋给第二个变量，最大值赋给第三个变量。

【参考程序】

```
#include < iostream >
using namespace std;
void swap(int* x,int* y){
    int t = * x;
    * x = * y;
    * y = t;
}
void sort(int* x,int* y,int* z){
```

```
    if(* x >* y)swap(x,y);
    if(* x >* z)swap(x,z);
    if(* y >* z)swap(y,z);
}
int main(){
    int a,b,c;
    cin >> a >> b >> c;
    sort(&a,&b,&c);
    cout << a << b << c;
    return 0;
}
```

【运行结果】

```
3 2 1
1 2 3
```

二、函数返回指针

由于指针是一种变量类型，因此函数的返回值也可以是指针。这时函数返回的就是一个地址。

函数返回值为指针的函数一般定义形式为：

```
类型名* 函数名(参数列表){
       函数语句块
       return 类型名* 指针变量名
}
```

例如：int ＊a（int x，int y）

a 是函数名，调用它后得到一个指向整型数据的指针（地址）。x 和 y 是函数 a 的形参，为整型。

例 8－11：阅读以下程序，思考这种做法的正确性

【参考程序】

```
#include <iostream>
using namespace std;
int* func()
{
    int a=10;
    int* p=&a;
    return p;
}
int main()
{
    int* p1;
    p1=func();
    cout<<* p1<<endl;
    return 0;
}
```

【分析】

以上程序的写法是有问题的：函数返回指针 p，p 指向了函数内的局部变量 a，所以函数返回的是 a 的地址。错误原因是调用函数时，不能返回函数局部变量的指针。程序中的类型为一个指向 int 的函数，它返回的是一个指向函数内变量 a 的指针。我们知道局部变量在函数结束以后会立即释放，这块内存区域不再被程序使用，如果返回这个内存区域的指针使用，程序并不会报错，但是很容易得到意外的结果，因为以后分配内存时可能会把这块内存分出去并修改。调用 p 指针的时候，访问到的就是修改后的结果，变量 a 很可能已经不存在了。

尝试修改程序，看看运行结果吧！

三、函数传参

给函数传入参数有三种方法：按值传参、地址传参、引用传参。

（1）按值传参。

例 8 –12（1）：按值传参

【参考程序】

```
#include <iostream>
using namespace std;
void add(int a){
    a++;
}
int main(){
    int a=10;
    add(a);
    cout<<a;
    return 0;
}
```

【运行结果】

```
10
```

【说明】

add 函数传入在主函数中定义的变量，只是传入这个变量的值，相当于拷贝一份副本给 add 使用，并不会改变它原来的值。通过代码运行结果我们可以看到，尽管在函数 add 里让 a++，但输出的主函数里的 a 还是 10，没有变。这就是按值传参。

（2）地址传参。

例 8 –12（2）：按地址传参

【参考程序】

```
#include <iostream>
using namespace std;
void add(int* p)
{
```

```
    * p=* p+1;
}
int main()
{
    int a=10;
    int* p=&a;
    add(p);
    cout<<a;
    return 0;
}
```

【运行结果】

```
11
```

【说明】

若我们想改变变量的值，可以通过地址直接对变量进行改变：将函数参数传入变量的指针地址进行地址传参。需要注意的是，函数括号中的“ * ”号在 int 后，代表 p 是一个指针；而表达式中的“ * ”则是访问 p 这个指针指向的地址的值，执行表达式会令这个地址的值加 1，也就是让主函数中的变量 a 加 1。

(3) 引用传参。

例 8-12 (3)：引用传参

【参考程序】

```
#include<iostream>
using namespace std;
void add(int &b)
{
    b++;
}
int main()
{
    int a=10;
    add(a);
    cout<<a;
```

```
    return 0;
}
```

【运行结果】

```
11
```

【说明】

引用变量是 C++ 中的一种复合类型，它的本质就是给原变量起了一个别名，类似于大名和小名都代表同一人。在定义引用的时候，必须同时进行初始化，初始化后即固定，不能通过赋值语句把对一个变量的引用改成对另一个变量的引用。

通过输出结果可知，引用传参和地址传参作用一样，而引用传参可以让代码比地址传参的写法简洁，更方便我们使用程序。

按值传参、地址传参、引用传参的区别，你清楚了吗？

四、练习

练习 1：阅读程序

判断程序的运行结果。

```
#include <iostream>
using namespace std;
int test(int a){
    return a* a;
}
int main(){
    int (* p)(int a);
    p=test;
    cout << (* p)(10) << endl;
    return 0;
}
```

输出结果：

练习 2：质数筛（指针）

【题目描述】

输入 n（n≤1 000）个不大于 100 000 的整数。要求全部储存在数组中，去除掉不是质数的数字，依次输出剩余的质数。请用指针完成。

输入样例：

```
5
3 4 5 6 7
```

输出样例：

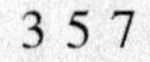

```
3 5 7
```

第五节 链表结构

一、链表存储结构

1. 顺序存储结构

数组结构在使用之前必须加以声明，以便分配固定大小的存储单元，直到（子）程序结束才释放空间。这种存储方式又称为静态存储。

优点：可以通过一个简单的公式随机存取表中的任一元素，逻辑关系上相邻的两个元素在物理位置上也是相邻的，且很容易找到前趋与后继元素。

缺点：线性表的大小固定，预先在申明数组时指定，无法更改，容量一经定义就难以扩充；由于线性表存放的连续性，在插入和删除线性表的元素时，需要移动大量的元素。

2. 链式存储结构

链式存储结构使用离散存放的方式来进行动态管理，并使用计算机的存储空间，保证存储资源的充分利用；同时也可以利用指针来表示元素之间的关系，在程序的执行过程中，通过两个命令向计算机随时申请或释放存储空间。它的优点在于可以用一组任意的存储单元（这些存储单元可以是连续的，也可以是不连续的）存储线性表的数据元素，这样就可以充分利用存储器的零碎空间。

3. 链表概念

为了表示任意存储单元之间的逻辑关系，对于每个节点（链点）来说，除了要存储它本身的信息（元素域、data）外，还要存储它的直接后继节点的存储位置（链接域、link 或 next）。我们把这两部分信息合在一起称为一个“节点”(node)。

二、单链表的定义

1. 节点的定义

```
typedef struct
{
    elemtype data;//元素值的类型,如:int 整型
    struct node* next;
}node;
```

2. 链表的定义

```
typedef struct list_type
{
    node* head;
    node* tail;
```

```
    int length;
}list_type;
```

N个节点链接在一起就构成了一个链表。为了按照逻辑顺序对链表中的元素进行各种操作，在单链表的第一个元素之前增加一个特殊的节点（头节点），便于算法处理。这个变量称为“头指针”“H”“head”。头节点的数据域可以不存储任何信息，也可以存储线性表的长度等附加信息。头节点的指针域存储指向第一个节点的指针，若线性表为空表，则头节点的指针域为空。由于最后一个元素没有后继，所以线性表中最后一个节点的指针域为空。

3. 节点的动态生成及回收

需要添加节点时，使用函数 malloc 进行内存申请，建立一个节点；使用函数 free(s) 进行释放即可。

```
int Get(node* s)
 {
      s = (node* )malloc(sizeof(node));//申请
      if(! s)return 0;     //成功
      else return 1;        //失败
 }
```

三、单链表的结构、建立、输出

由于单链表的每个节点都有一个数据域和一个指针域，如图 8.5.1 所示，所以每个节点都可以定义成一个记录。那么，如何定义图 8.5.1 中单链表的数据结构呢？

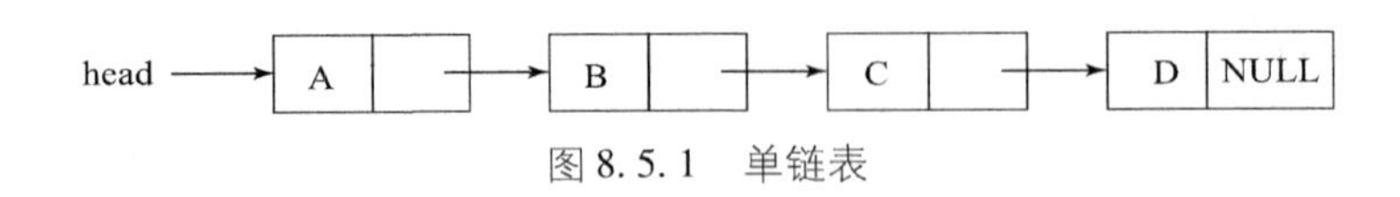

图 8.5.1 单链表

下面给出建立并输出单链表的程序。

【参考程序】

```
#include <iostream>
using namespace std;
struct Node
```

```
{
    int data;
    Node* next;
};
Node* head,* p,* r;//r 指向链表的当前最后一个节点,可以称为尾
指针
int x;
int main()
{
    cin>>x;
    head=new Node;//申请头节点
    r=head;
    while(x!=-1)  //读入的数非-1
    {
        p=new Node;//否则,申请一个新节点
        p->data=x;
        p->next=NULL;
        r->next=p;//把新节点链接到前面的链表中,实际上r是p的
直接前趋
        r=p;//尾指针后移一个
        cin>>x;
    }
    p=head->next;  //头指针没有数据,只要从第一个节点开始就可
以了
    while(p->next!=NULL)
    {
        cout<<p->data<<" ";
        p=p->next;
    }
    //最后一个节点的数据单独输出,也可以改用do-while循环
    cout<<p->data<<endl;
    system("pause");
}
```

四、单链表的操作

1. 单链表的建立

```
void create_sl(node* * h,int n)//建立带头节点的 n 个元素的单链表
{
    node* p,* s;int i;
    elemtype x;
    * h=(node* )malloc(sizeof(node));
    (* h)->next=NULL;
    for(i=0;i<n;i++){
        input(&x);
        s=(node* )malloc(sizeof(node));
        s->data=x;s->next=NULL;//生成节点并赋值
        if((* h)->next==NULL)(* h)->next=s;
        else p->next=s;
        p=s;
        }
}
```

2. 单链表的访问，在单链表中取出第 i 个元素

```
elemtype access_sl(node* h,int i)
{ //在带头节点的单链表 h 中取出第 i 个元素，
    node* p=h;
    for(int j=0;p->next!=NULL&&j<i;j++)
    p=p->next;
    if(p!=NULL&&j==i)
    return(p->data);
    else
    return NULL;
}
```

3. 单链表的插入

插入节点前后的链表变化如图 8.5.2 所示。

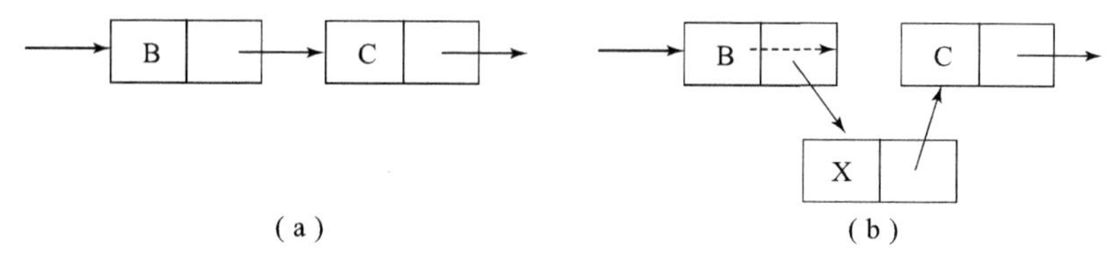

图 8.5.2　插入节点前后的链表变化

```
void insert_sl(node* h,int i,elemtype x)
{
  node* p=h,* t;int j=0;
  while(p->next!=NULL&&j<i)
  p=p->next,j++;
  if(j!=i)
    { printf("error");return;}
  t=(node* )malloc(sizeof(node));
  t->data=x;
  t->next=p->next;
  p->next=t;
}
```

4. 删除单链表中的第 i 个节点

删除节点前后链表的变化如图 8.5.3 所示。

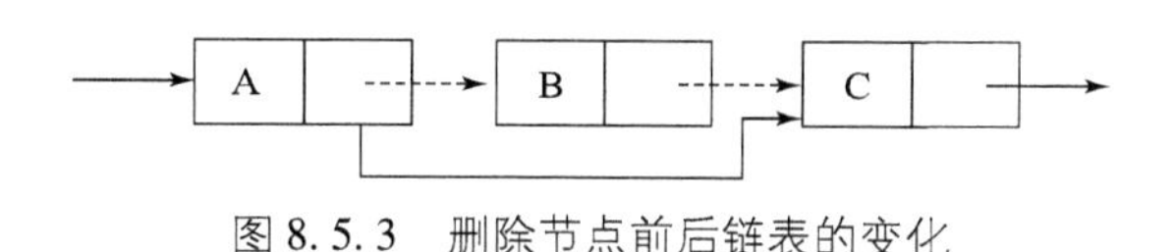

图 8.5.3　删除节点前后链表的变化

```
  void delete_sl(node* h,int i)
{
   node* q=h,* s;int j=0;
   while(q->next!=NULL && j<i-1)
         {q=q->next;j++;} //查找 i 节点
   if(j!=i-1)
         { printf("i is invalid!");return;} //无 i 节点
```

```
    p=q->next;
    q->next=p->next;
    free(p);//完成删除
}
```

5. 求单链表的实际长度

```
int len(Node* head)
{
    int n=0;
    p=head
    while(p!=NULL)
    {
        n=n+1;
        p=p->next
    }
    return n;
}
```

五、双向链表

每个节点都有两个指针域和若干数据域，其中一个指针域指向它的前趋节点，另一个指向它的后继节点。双向链表的优点是访问、插入、删除更方便，速度也更快。但缺点是“以空间换时间”，对比单链表，双向链表占的空间更大。

```
struct node
{
    int data;
    node* pre,* next;    //pre 指向前趋,next 指向后继
}
node* head,* p,* q,* r;
```

双向链表的插入和删除过程如图 8.5.4 所示。

例 8-13：队列安排

老师要将班上 N 个同学排成一列，同学被编号为 1～N，老师采取如下的方法：

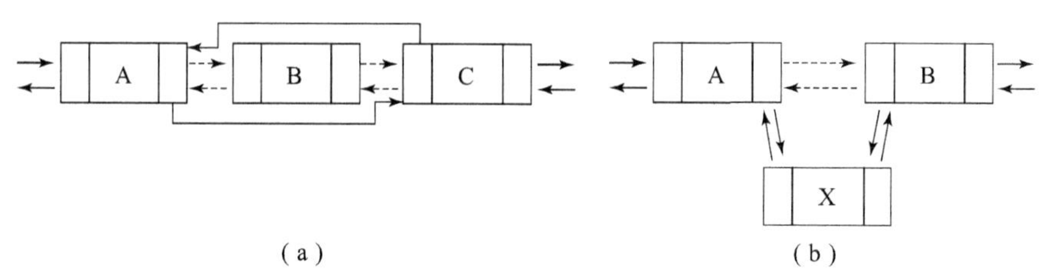

图 8.5.4　双向链表的删除和插入

（1）先将 1 号同学安排进队列，这时队列中只有他一个人。

（2）2 ~ N 号同学依次入列，编号为 i 的同学入列方式为：老师指定编号为 i 的同学站在编号为 1 ~ (i - 1) 中某位同学（即之前已经入列的同学）的左边或右边。

（3）从队列中去掉 M（M < N）个同学，其他同学位置顺序不变。

在所有同学按照上述方法排列完毕后，老师想知道从左到右所有同学的编号。

输入格式：

第一行为一个正整数 N，表示有 N 个同学。

第 2 ~ N 行，第 i 行包含两个整数 k，p，其中 k 为小于 i 的正整数，p 为 0 或者 1。若 p 为 0，则表示将 i 号同学插入到 k 号同学的左边，p 为 1 则表示插入到右边。

第 N + 1 行为一个正整数 M，表示去掉的同学数目。

接下来 M 行，每行一个正整数 x，表示将 x 号同学从队列中移去，如果 x 号同学已经不在队列中则忽略这一条指令。

输出格式：

1 行，包含最多 N 个空格隔开的正整数，表示了队列从左到右所有同学的编号，行末换行且无空格。

输入样例：

```
4
1 0
2 1
1 0
2
3
3
```

输出样例：

```
2 4 1
```

【分析】

本题采用一个双向链表维护队列，每次将一个人插入后更改前面那个人的下一个即可。本题可以用数组模拟链表，由于本题还有删除操作，因此需要另外开一个数组记录这个人是否输出，被删除过则不输出。参考程序采用双向链表实现操作，请大家思考用一个数组记录是否可行。

【参考程序】

```
#include<iostream>
struct kdt{
    int last;
    int next;
}q[100005];
using namespace std;
int n,m,h;
bool s[100005];
int main(){
    cin>>n;
    s[1]=true;q[0].next=1;q[1].next=100001;
    q[100001].last=1;
    for(int i=2;i<=n;i++){
        s[i]=true;
        int k,p;
        cin>>k>>p;
        if(p==0){
            int x=q[k].last;q[k].last=i;q[x].next=i;
            q[i].last=x;q[i].next=k;
        }
        else{
            int x=q[k].next;q[k].next=i;q[x].last=i;
            q[i].last=k;q[i].next=x;
        }
    }
        cin>>m;
        for(int i=1;i<=m;i++){
```

```
            int a;
            cin >> a;
            if(s[a] == true){
                q[q[a].last].next = q[a].next;
                 q[q[a].next].last = q[a].last; s[a] =
false;
            }
        }
        h = q[0].next;
        while(h! = 100001){
            cout << h << " ";
            h = q[h].next;
        }
    }
```

六、循环链表

（1）单向循环链表：最后一个节点的指针指向头节点，如图 8.5.5 所示。

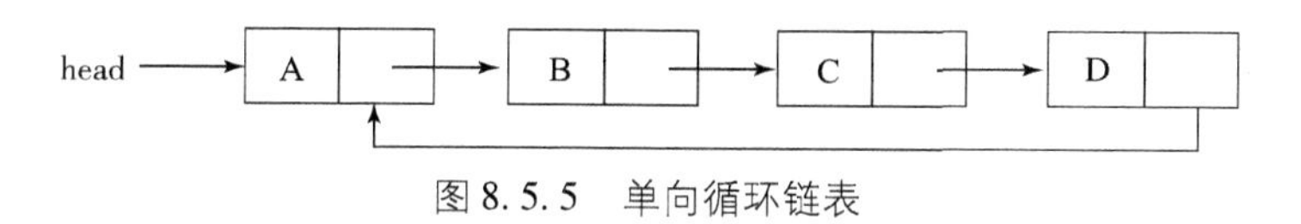

图 8.5.5　单向循环链表

（2）双向循环链表：最后一个节点的指针指向头节点，且头节点的前趋指向最后一个节点，如图 8.5.6 所示。

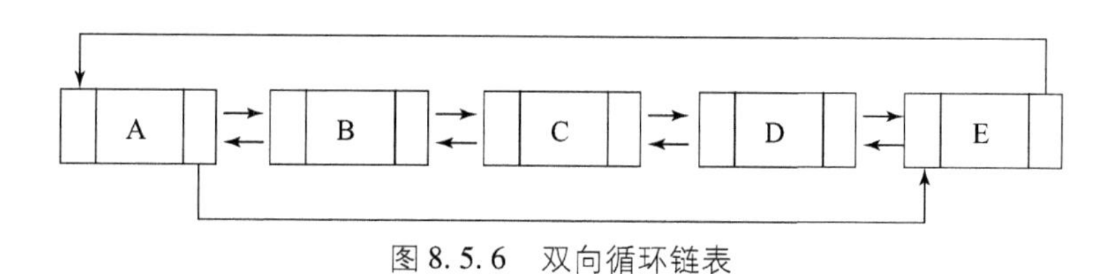

图 8.5.6　双向循环链表

请同学们使用思维导图的形式梳理一下本节的知识点吧。可以与同学们比较一下谁的思维导图又美又清晰哦！

七、练习

练习1：食堂排队

【题目描述】

某校食堂有很多窗口，但每个窗口只排一列队伍。为了同学们能各排各的队，我们让每个人记住和他在同一个窗口打饭的人。

输入格式：

第一行2个整数n，m，表示排队人数和窗口数。

第二行n个整数，表示每个人要打饭的窗口数。

输出格式：

m行，每行一个数k，表示k个人排这个窗口，随后k个数表示排这个窗口的人。

输入样例：

```
5 1
1 1 1 1 1
```

输出样例：

```
5 1 2 3 4 5
```

练习2：询问学号

【题目描述】

有n（$n \leqslant 2 \times 10^6$）名同学陆陆续续进入教室。每名同学的学号（在1到$10^9$之间）按进教室的顺序给出。上课了，老师想知道第i个进入教室的同学的学号是什么（最先进入教室的同学i=1），询问次数不超过10^5次。

输入格式：

第一行2个整数n和m，表示学生个数和询问次数。

第二行n个整数，表示按顺序进入教室的学号。

第三行m个整数，表示询问第几个进入教室的同学。

输出格式：

m 个整数表示答案，用换行隔开。

输入样例：

```
10 3
1 9 2 60 8 17 11 4 5 14
1 5 9
```

输出样例：

```
1
8
5
```

第六节　指针综合实战

本节内容是关于指针的综合练习，快和小信一起挑战通关吧！

1. 分类平均

【题目描述】

给定 n（n≤10 000）和 k（k≤100），将 1 ~ n 的所有正整数分为两类：A 类数可以被 k 整除（也就是说是 k 的倍数），而 B 类数不能。请输出这两类数的平均数，精确到小数点后 1 位，用空格隔开。数据保证两类数的个数都不会是 0。请用指针完成。

输入样例：

```
100 16
```

输出样例：

```
56.0 50.1
```

2. 笨小猴

【题目描述】

笨小猴的词汇量很小，所以每次做英语选择题的时候都很头疼。但是他找到了一种方法，经试验证明，用这种方法去选择选项的时候选对的概率非常大。

这种方法的具体描述如下：假设 maxn 是单词中出现次数最多的字母的出现次数，minn 是单词中出现次数最少的字母的出现次数，如果 maxn - minn 是一个质数，那么笨小猴就认为这是个 Lucky Word，这样的单词很可能就是正确的答案。请用指针解决。

输入格式：

一个小写字母的单词，并且长度小于 100。

输出格式：

第一行是一个字符串，假设输入的的单词是 Lucky Word，那么输出“Lucky Word”，否则输出“No Answer”；

第二行是一个整数，如果输入单词是 Lucky Word，输出（maxn - minn）的值，否则输出 0。

输入样例：

```
error
```

输出样例：

```
Lucky Word
2
```

【说明】

单词 error 中出现最多的字母 r 出现了 3 次，出现次数最少的字母出现了 1 次，3 - 1 = 2，2 是质数。

3. 最厉害的学生

【题目描述】

现有 N（N≤1 000）名同学参加了期末考试，并且获得了每名同学的信息：姓名（不超过 8 个字符的字符串，没有空格），语文、数学、英语成绩（均为不超过 150 的自然数）。总分最高的学生就是最厉害的，请输出最厉害的学生各项信息（姓名、各科成绩）。如果有多个总分相同的学生，输出姓名首字母靠前的那位。

输入样例：

```
3
senpai 114 51 4
lxl 114 10 23
fafa 51 42 60
```

输出样例：

```
senpai 114 51 4
```

4. 旗鼓相当的对手

【题目描述】

现有 N（N≤1 000）名同学参加了期末考试，并且获得了每名同学的信息：语文、数学、英语成绩（均为不超过 150 的自然数）。如果某对学生的每一科成绩的分差都不大于 5，且总分分差不大于 10，那么这对学生就是“旗鼓相当的对手”。现在想知道这些同学中，有几对“旗鼓相当的对手”。同样一个人可能会和其他好几名同学结对。

输入格式：

第一行一个正整数 N。

接下来 N 行，每行三个整数，其中第 i 行表示第 i 名同学的语文、数学、英语成绩。最先读入的同学编号为 1。

输出格式：

输出一个整数，表示“旗鼓相当的对手”的对数。

输入样例：

```
3
90 90 90
85 95 90
80 100 91
```

输出样例：

```
2
```

恭喜你闯关成功！！你已经是一个出色的小编程家啦。

参考文献

[1] 袁春风．计算机组成与系统结构［M］. 北京：清华大学出版社，2015.
[2] 秦磊华，吴非，莫正坤．计算机组成原理［M］. 北京：清华大学出版社，2011.
[3] 李广军．微处理器系统结构与嵌入式系统设计［M］. 北京：电子工业出版社，2011.
[4] 谭浩强．C 程序设计［M］. 4 版．北京：清华大学出版社，2010.
[5] 唐朔飞．计算机组成原理［M］. 2 版．北京：高等教育出版社，2008.
[6] 李见伟．计算机中信息的表示［J］. 中国现代教育装备，2010（7）：29.
[7] 董永建，等．信息学奥赛一本通［M］. 北京：科学技术文献出版社，2013.